The Third Chimpanzee for Young People

On the Evolution and Future of the Human Animal

Jared Diamond

Adapted by Rebecca Stefoff

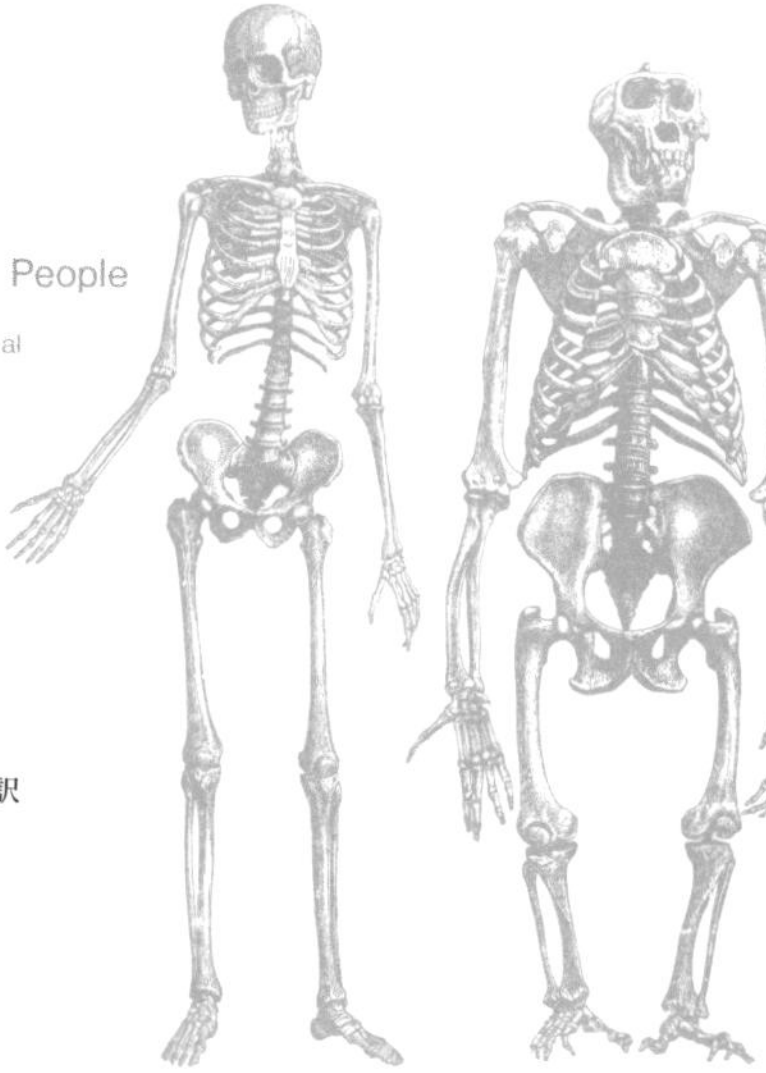

ジャレド・ダイアモンド

レベッカ・ステフォフ＝編著　秋山 勝＝訳

若い読者のための

第三のチンパンジー

人間という動物の進化と未来

草思社

The Third Chimpanzee for Young People
On the Evolution and Future of the Human Animal
by Jared Diamond
adapted by Rebecca Stefoff

Originally published in 2014
by Seven Stories Press, Inc., New York, NY, USA.
Japanese translation rights arranged with
Brockman, Inc., New York

Cover photo: Brehms Tierleben, Small Edition 1927/*Wikicommons*;
Hermanta Ravel/*Alamy*; Redmond Durrell/*Alamy*

若い読者のための 第三のチンパンジー＊目次

第2部　奇妙なライフサイクル

第3部　特別な人間らしさ

はじめに　人間を人間であらしめるもの

人間はどのような動物にも似ていない。同時に私たち人間は、大型哺乳類の一種というれっきとした動物でもあるのだ。人間の特徴をめぐるこうした矛盾が、私たちの興味をそそってやまない。ただ、この矛盾がどのような意味をもち、どうしてそうなったのかについて理解することは決して容易なことではない。

一方では、私たち人間とほかの動物のあいだには深い溝が横たわっていて、この溝があるから人間は種が異なる彼らを「動物」と呼び、自分とは別の生き物だと見なそうとしている。ムカデとチンパンジーと二枚貝なら、人間にはないこれら動物なりの特徴を共有しているとか、あるいは、人間にはこうした動物にはないヒトならではの特徴が備わっていると考えている。言葉でコミュニケーションを図ったり、芸術を楽しんだり、複雑な道具を作ったり、衣服を着たりすることは確かに人間だけに見られる特徴である。だが、同じ種である人間を大量に殺し尽くし、ほかの種を絶滅に追い込むようなうしろ暗い特徴も私たち人間には備わっている。

しかし、他方では、人間は動物と同じ身体部分、分子、遺伝子をもっている。私たちがどんなタイプの動物かと考えた場合、この点はもっとはっきりとしてくるはずだ。解剖学を手がける研究者のあいだでは、すでに十八世紀のころから、人間の身体はアフリカに生息するチンパンジーによく似ていると考えられていた。チンパンジーにはコモンチンパンジーとボノボの二種類がいて、ボノボはピグミーチンパンジーと呼ばれることもある。もし、宇宙人の研究者が人間を目の当たりにする機会でもあれば、人間はコモンチンパンジー、ボノボに続く、三番目のチンパンジーだとただちにそう分類されてしまうだろう。地球に住む科学者も、人間とほかの二種類のチンパンジーのあいだでは、構成する遺伝子の九八パーセント以上が共有されていることを明らかにした。

遺伝子をめぐる人間と二種類のチンパンジーの違いはごくわずかでしかない。しかし、このわずかな違いが私たち人間に特有な性質をもたらしているのは明らかである。遺伝的な歴史をたどると、これらの変化はごく最近になって生じたことがわかる。私たちはわずか数万年のうちで、人間のもつユニークで危なっかしい性質をはっきり示しはじめていたのだ。言語や芸術、人間のライフサイクルに始まり、みずからの種やほかの種を絶滅に追いやる人間の能力――こうした善悪両面におよぶ特徴を人間は、なぜ、どうやって発達させてきたのだろう。本書は、それらの点についてつぶさに検討している。

この本のなりたち

本書には、私自身の関心やこれまでの経験が色濃く反映されている。子ども時代の私は医者になりたいと考えていたが、大学の最終学年を迎えるころには目標も少し変わりかけ、医学関係の研究をやってみたいと思うようになっていた。そこで勉強したのが生理学である。生理学は細胞から動物にいたる生命現象の仕組みを研究対象にしている。その後、私はロサンゼルスにあるカリフォルニア大学のメディカルスクールで生徒たちに教えたり、さらに医学の研究を続けてきたりしてきた。

しかし、私にはほかにも興味を覚えていたものがあった。バードウォッチングには七歳のころから関心を抱いてきた。また、通っていた学校では語学や歴史についても勉強する機会に恵まれた。やがて私は、その後の人生を生理学という特定の研究に捧げて生きていく考えに息苦しさを覚えるようになっていた。そのころのことだ。ニューギニアの高地でひと夏をすごせるというチャンスに恵まれたのである。ニューギニアはオーストラリアの北方にある熱帯の島で、ここに生息する鳥類の巣作りに関して、成功度を測定するというのが旅行の目的だった。ジャングルのなかでたったひとつの巣さえ確認できなかったことで、結局、このプロジェクトは失敗に終わってしまう。だが、私自身は、世界に残る秘境中の秘境の島で冒険心を満たし、心ゆくまでバードウォッチングを堪能することができた。

はじめてのニューギニア訪問となったこの旅行のあと、私はもうひとつの専門として鳥類や進化学、生物地理学の研究を深めていった。ニューギニアや周辺の太平洋の島々には鳥類の調査のためにそれから何度も訪れた。そして、愛する鳥や森林が人の手によって破壊されていく様子を目の当たりにするにつれ、私は自然保護の研究にもだんだん深くかかわっていき、ついには生態系を維持して動植物を保護しようと、国立公園のプラン作りを通じて政府の手助けをするようになっていた。

しかし、鳥類の進化や絶滅を研究すればするほど私の頭を占めるようになったのは、種のなかでももっとも興味をかきたてる生物の進化と絶滅の可能性だった。その種こそ、あなたであり、私であり、この地球に生きる人という人のすべて、すなわち現生人類であるホモ・サピエンスにほかならない。本書はこうした研究の結果なのである。物語は数百万年前の私たちの起源に立ち帰るところから始まる。そして、人類の将来に関するいくつかの考察と、過去から学びえる方法を紹介して本書は話を終えている。

本書の見取り図を描いてみよう

私たちがどうやって人間になったのかという物語は何百万年という年月におよぶ話であり、それを語るうえでは、多岐にわたる科学情報や考察が動員されている。執筆に際して、私はみずからの経験をはじめ、考古学から動物学まで、自分が研究してきた専門分野はもちろん、他分野におけるかずかずの研究者の成果を踏まえている。その内容は古代の病気を研究する古病理学、植物の化石を研究する古植物学など、さまざまな分野におよんでいる。

すでに触れたように、生理学や解剖学でスタートした私の経歴は、その後、鳥類の研究、とくに生態学へと向かっていった。周囲にいるほかの種や置かれた環境に対して、鳥がどのように作用をおよぼしあっているのかという研究である。また、生物地理学の研究者としては、地理とそこに生息する生き物の関係にも興味は尽きない。たとえば、生物地理学者がよく口にする疑問にはこんなものがある――なぜ、地球をほぼ横断するほどの規模で分布する種が存在する一方で、わずか一本の樹木にしか生息しない種が存在するのか。人類の歴史において、生物地理学がきわめて大きな役割を担っていることが、本書を読み進めるにしたがってわかってくるはずだ。

そして、私は進化生物学者でもある。つまり、この地球上の生命が長い年月をかけて遂げた変化、すなわち進化という視点からも動植物に対して目を向けている。新たな種が発展を遂げていく一方で、それ以前の種が絶滅していく（第4章では進化がどのようにして起こるのかを説明する）。本書では、この進化生物学という枠組みを用いた人間の特徴と行動に関する検証についても試みられている。

新たな方法で人間自身を見てみよう

科学者の視点に立つと、日常生活で起きている出来事であっても、その様子は違って見えてくる場合が少なくない。たとえば、人は互いにどのようにして引かれあうのかという謎を考えてみよう。あなた自身は相手のどんな点に引かれたのだろうか。この質問への答えは、この世界に生きている人の数だけ存在する。

しかし、進化生物学者にとっては、この質問も別の様相を帯びている。なぜなら、私たち進化生物学者というものは、ヒトもまた自然界の一部だと考えているからで、ほかの種を形づくっている同様な作用によって、人間もまた形づくられていると見なしているからなのだ。第3章で説明しているように、鳥類や類人猿は交尾する相手をどのように選んでいるのか、そのパターンを調べるように、人間の行動に関してもなにがしかのことを知ることができると進化生物学者は考えている。

進化という点では、見た目や行動の点で成功すれば、そうした親はもっとも多くの子どもを残すことができるのだ。そして、今度はこの子どもたちがさらに子どもを産んでいくので、親がもっていた遺伝子は次の世代へと受け継がれていく。もちろん、そうは言ってもヒトのあらゆる行動が進化生物学によって完全に説明がつくものでもないし、それが唯一の説明というわけでもない。しかし、人間を生命進化の歴史の一部として見ることで、人間に関する私たちの知識はさらに深まっていくはずだ。

動物に向けられる同じ視線でヒトという種を調べてみることで、人間の行動に関する新たな理解がもたらされる。だが、その理解は一見すると当惑を招くものであったり、謎めいたものであったりする場合がある。あるいは不愉快にさせるものかもしれないが、みずからを理解する手段としてはこれにまさる方法はないだろう。自己認識に向けられた探究こそ、まさに人間ならではの特質にほかならないのである。

左から、テナガザル、ヒト、チンパンジー、ゴリラ、オランウータンの骨格。霊長目に属する５種のメンバーであり、ホモ・サピエンスと４種の類人猿だ。人間の骨格と類人猿の骨格の類似性は数世紀前から認められてきたが、DNA の研究によって、チンパンジーは人間に、そしてチンパンジーにとって人間はきわめて近い親戚だという事実が裏づけられた。

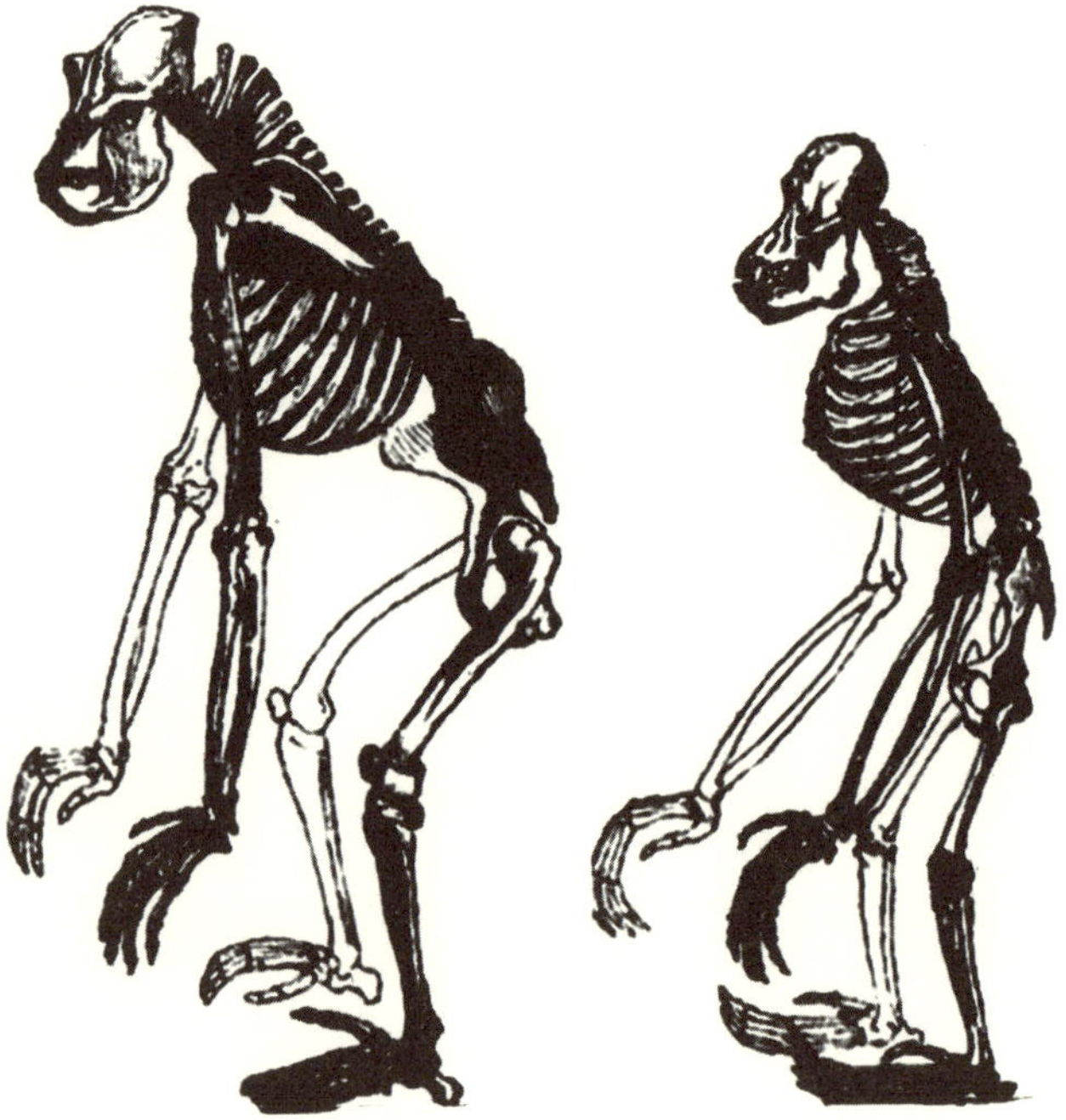

第1部　ありふれた大型哺乳類

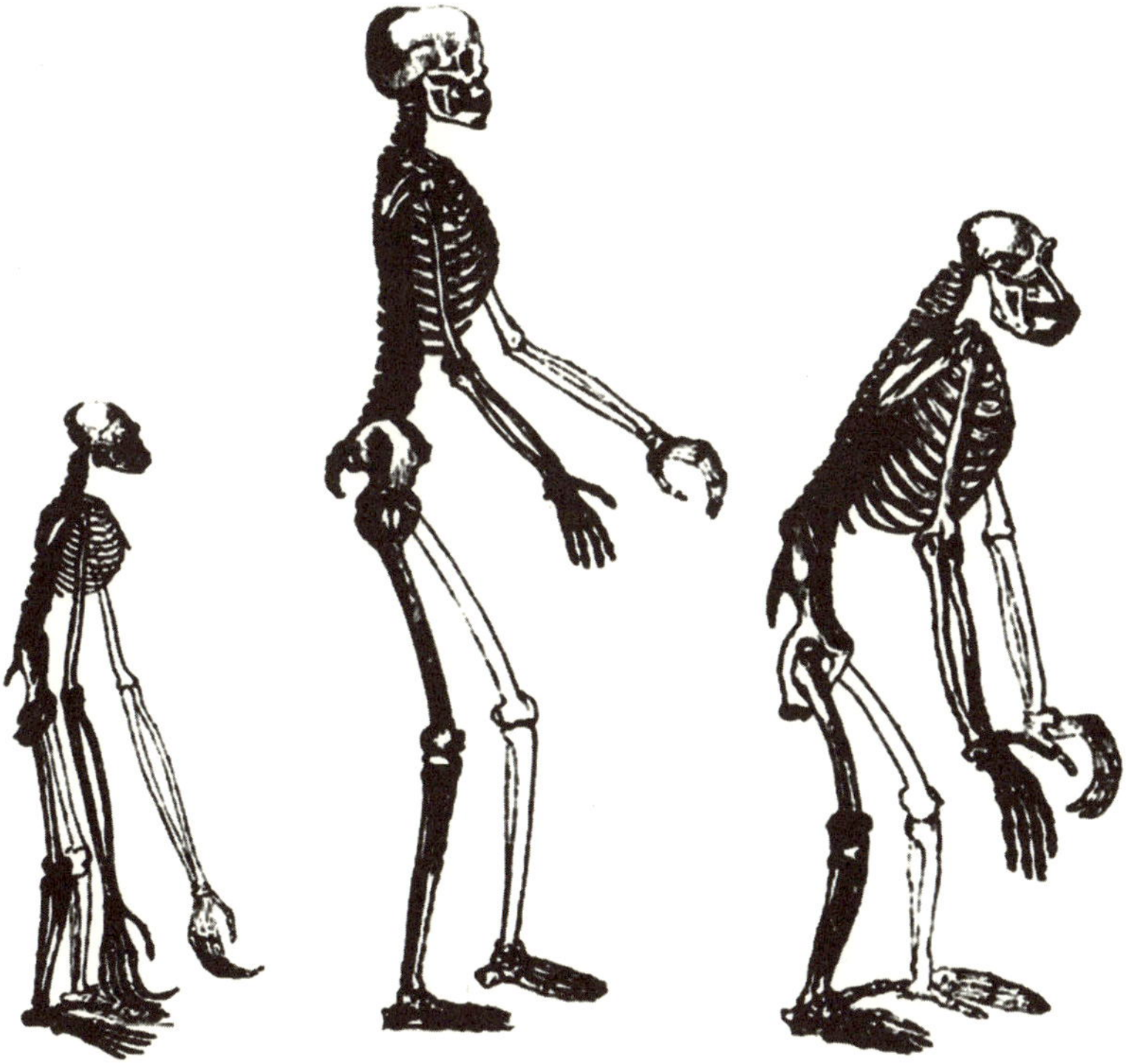

いつ、なぜ、どのようにして人間は「ありふれた大型哺乳類」であることをやめたのだろう。それを知るには三種類の証拠が手がかりになるはずだ。次の第1章、第2章ではそれらについて詳しく説明しよう。遺物を通じて人類の過去の様子を研究する考古学では、骨の化石や出土した道具は古くから用いられてきた証拠である。また、最近の証拠は分子生物学に基づいており、ヒトの遺伝的遺産を調べ、類人猿にも似た先祖に連なる系統をたどっていく。

基本的な疑問のひとつは、私たちヒトとチンパンジーとのあいだにうかがえる差異に関係している。ただ、人間とチンパンジーの様子に目を凝らし、見た目の違いを数え上げても助けにならないのは、遺伝的な変化の多くは目に見えるような変化をともなっていないからだ。見た目という点では、ほかの変化のほうが明らかな違いを示している場合が少なくない。たとえば、グレートデンとチワワとでは、外見上、チンパンジーとヒトのあいだに見られる違いよりもはるかに大きな差異が現れている。だが、犬はすべて同じ種に属しているが、ヒトとチンパンジーの場合はそうではない。

ではどうすれば、人間とチンパンジーの遺伝的な距離を調べられるのだろう。この問題を解決したのが分子生物学の研究者だった。こうした研究者によって、人間とチンパンジーには、現存するどのような人間集団のあいだ、あるいはどのような犬種のあいだに見られる違いよりもはるかに大きな差異が存在することが明らかになった。ただ、ヒトとチンパンジーのあいだに遺伝的な差異があるからとはいえ、その隔たりは、多くのほかの近縁種間にうかがえる違いに比べるとはるかに小さい。つまり、チンパンジーの遺伝子に生じたほんの小さな変化は、人間の行動面において圧倒的に大きな変化をおよぼしているのだ。

それについで、類人猿的祖先が現代人へと変化していく途中、中間段階に生きた生き物が残した骨や道具からいったいなにがわかるのかを考えてみよう。骨の化石を調べれば、いつ四足歩行から二足歩行へと変わり、この変化にともなって脳の容量が増加していったことがわかるだろう。ヒトが言葉を話し、発明を促す能力を発達させるには、大きな脳が必要だったのはまちがいないはずだ。事実、脳が大きくなっていくにつれ、道具はますます精巧になっていくのが化石の様子からもわかると思う。ところが、脳の容量が現代人とほぼ同じぐらいまで増大したあとも、それから数十万年ものあいだ、石器は非常に稚拙な状態でとどまっている。これは人類の進化をめぐるもっとも大きな驚きであり謎である。

六万年前、ネアンデルタール人は、現生人類よりも大きな脳をもっていた。だが、彼らが作った道具には発明の才能や芸術性はみじんもうかがえない。ネアンデルタール人はありきたりな大型哺乳類の一種にすぎなかった。そして、現代人と変わらない骨格をもつまでに進化した集団が登場してから何万年ものあいだ、こうした集団が作った道具もまたネアンデルタール人の道具と同じく、まったくこれという特徴のない道具でありつづけた。

人間の遺伝子とチンパンジーの遺伝子のあいだに認められるわずか数パーセントの違い、そのうち骨の形の差異に起きた変化とは無関係に、発明の才能、芸術的創造性、複雑な道具を使いこなすといった人間特有の性質を授ける遺伝子に起きた変化は、さらにわずかなパーセンテージにとどまるはずだ。少なくともヨーロッパでは、こうした人間特有の性質は、ネアンデルタール人が初期の現生人類として知られるクロマニヨン人にその座を奪われたころ、こつぜんと出現したことだけは確かである。そしてこのとき、私たち人間は、ありきたりな大型哺乳類の一種であることをやめた。この第1部の最後では、人間の地位の向上について、なにがその急上昇をもたらす引き金になったのかを検討してみることにしよう。

第1章

三種のチンパンジーの物語

こんど動物園を訪れたときには類人猿の檻の前に行ってみてほしい。そして、こんなふうに想像してみてほしいのだ。体毛をほとんどなくした類人猿、その隣の檻には、不幸なことに服をなくして口をきくこともできないけれど、それ以外の点ではまったく正常な人間たちが閉じ込められている。そのうえで、類人猿と人間では遺伝子はどのくらい違っているのか考えてみてほしい。チンパンジーの遺伝子は、人間を構成する遺伝子と一〇パーセント、あるいは五〇パーセント、それとも九九パーセントは同じものなのだろうか。

研究者は、すでに何十年にもわたってこの疑問に答えてきた。解明されていない疑問はまだほかにもたくさんあるが、人類の起源に関してはかなり明らかにされている。あらゆる人間の社会は、その起源について納得のいく説明を心からほしがり、それぞれ独自の創造の物語を生み出すことでこの願望を満たしてきた。三種のチンパンジーをめぐる物語とは、実は私たちの時代における創造の物語にほかならないのである。

三つの疑問

動物界において、私たち人間がおおよそどのあたりに位置しているかは、すでに何世紀も前からわかっていた。人間は体毛をもち、子どもには乳を飲ませて育てる哺乳類の一員である。そして、哺乳類のなかでは、サルや類人猿が仲間の霊長類に属している。手足の爪はかぎ爪ではなく平爪、その手を使ってものをつかむことができる。また、親指はほかの四本の指とは違う向きに動かせるなど、霊長類以外の動物には見られない特徴を私たち人間は備えている。

霊長類というくくりでは、人間はサルよりも類人猿（ゴリラ、チンパンジー、オランウータン、テナガザル）によく似ている。サルと比べた場合、類人猿や人間に尾がないのはその一例だ。テナガザルの場合、ほかの類人猿との違いが際立つのは、体が小さく、非常に長い手をしているからである。そして、ゴリラ、チンパンジー、オランウータン、ヒトの間柄は、テナガザルとの間柄よりももっと近しい関係にある。

研究者にとって、霊長類の近縁関係をさらに詳しく調べるのはあまり容易なことではない。実は次の三つの点をめぐって大論争が起きたことがあるのだ。

・ヒト、現存する類人猿、すでに絶滅した私たちの祖先である類人猿の関係を示す詳細な系統樹はどのようなものなのか。この答えがわかれば、現存する類人猿でヒトに一番近い関係にあるのはどの種なのかがわかるかもしれない。

・ヒトにもっとも近い関係にある類人猿は、いつまで同じ祖先を共有していたのだろうか。この問いによって、ヒトはどれくらい前に系統樹から分岐したかがわかる。

・ヒトにもっとも近い関係にある類人猿と私たちは、どの程度の遺伝的構成を共有しているのだろうか。これによって、ヒトの遺伝子のうち、何パーセントが人間特有のものであるのかがわかる。

最初の二つの疑問は、化石の証拠によって解明することができるだろう。ただし、ひとつ不都合なことがあった。五〇〇万年から一四〇〇万年前という肝心なこの時期、アフリカにおいては、どのような類人猿の化石であれほとんどなにも発見されていないのだ。そのかわり、この疑問に対する答えは予想もしない方面からやってきた。鳥類の関係性について分類を試みた研究だった。

鳥類の世界を手がかりに

一九六〇年代、分子生物学者は、動物や植物の体を作る化学物質を調べれば、種同士の遺伝的距離、あるいは系統樹からその種がいつごろ分岐していったのか、それを計る〝時計〟が得られるのではないかと気がついた。ライオンとトラを例に考えよう。

ライオンとトラは五〇〇万年前に分岐したことが化石からわかっているとしよう。さらに、ライオンがもつある種の分子が、それに対応するトラの分子と一パーセント異なっているとする。となれば遺伝子の一パーセントの違いが、進化の分岐から五〇〇万年経過したのと等しいことになる。そこで、二種類の動物の進化を比べたいが、その歴史を示す化石がまったく存在しないような場合、研究者はそれぞれの動物がもっている対応する分子を比べてみることができるのだ。二種類の動物にうかがえる分子の違いが三パーセントだとわかれば、五〇〇万年の三倍――つまり、比較した二種類の動物は、共通する祖先からおよそ一五〇〇万年前に分かれたと知ることができる。

一九七〇年代、チャールズ・シブリーとジョン・アールクウィストという二人の研究者が、DNAの変化にうかがえる分子時計というアイデアを鳥類の進化的関係の調査に用いた。調べた鳥の種類はおよそ一七〇〇種、これは現在生息する鳥類全体の約五分の一に相当する。それから一〇年、二人は同様の手法で霊長類の進化の研究をおこなった。この研究のために使われた材料がヒトのDNAで、それと人類のもっとも近縁とされるすべての種――つまり、コモンチンパンジー、ボノボ（ピグミーチンパンジー）、ゴリラ、オランウータン、テナガザル二種、そして七種類のサルのDNAだった。この研究の結果、霊長類の系統樹をめぐる新たな理解がもたらされたのである。

◉DNAでできた時計

分子時計の仕組みは次のようになっている。すべての生物に存在する一群の分子があり、種によってこの分子は独自の構造をもっているとしよう。突然変異が起きた結果、この分子がもつ構造は何百万年という時間をかけてゆっくりと変化していく。さらにこの変化のペースは、どんな生物でも等しいと仮定する。

同一の祖先から派生した二種類の生物は同じ分子構造から変化を始めていくが、分子構造はその祖先から受け継いでいる。しかし、そのうちに各系統で突然変異が発生する。この突然変異で二つの種のそれぞれの分子構造はだんだんと違いを見せはじめていく。現存する二種の生物の分子構造にどの程度の違いがあるかは計測可能だ。それなら、一〇〇万年のあいだに平均してどのくらいの構造的変化が起きたかがわかれば、現存する二種類に見られる違いは「時計」として使える。それによって私たちは、二種類の生き物が、共通する祖先から分かれてどのくらいの時間を経過しているのかを知ることができる。

一九七〇年くらいまでに、分子生物学者は、「時計」となる最適の分子はデオキシリボ核酸（つまりDNA）であることを発見した。分子の変化は生物すべてに起こる現象で、種に応じてそれぞれ独自の特徴をもっている。DNAそのものは二本の長い分子の鎖からなり、それぞれの鎖は四種類の小さな分子からできている。この四種類の小さな分子がどのような順序で並んでいるか、つまり、その配列に親から子へと伝達される遺伝情報のすべてが託されている。

DNAの構造に生じた変化を計る方法として、このとき研究者が用いる手法がDNAハイブリダイゼーションである。二種類の生物のDNAを混ぜあわせたうえで、このDNA、つまり混合《ハイブリッド》DNAの融点を計測したら、続いて一種類の生物からとった純粋なDNAの融点と比較してみるのだ。この場合、二種類の生物のDNAで一パーセント異なっていたとすると、融点に摂氏一度の差が生じている。

最後が分子時計に目盛りをつける、すなわち分子時計をセットする段階だ。DNA上の変化と時間の経過を関連づける作業である。二種類の生物のDNAに一パーセントの違いがあることがわかっても、DNAがそれまでどの程度の時間をかけて変化してきたかわからなければ、この二種類の生物が個別にどのくらいの時間をかけて進化を重ねてきたのかを知ることはできない。分子時計をセットするために研究者が用いるのが、進化の歴史が正確にわかっている生物で、化石によって年代をたどることができる生き物である。鳥類の場合、化石と現存する鳥類のDNA双方の研究から、DNAに含まれているある遺伝子（シトクロムbと呼ばれる）が一〇〇万年ごとに一パーセントずつ変化していた。この情報を得て、研究者は現存するいずれか二種類の鳥のもつシトクロムbの違いを計測し、それぞれの鳥が共通の祖先から分かれてどのくらい経過したのかを知ることができるようになった。

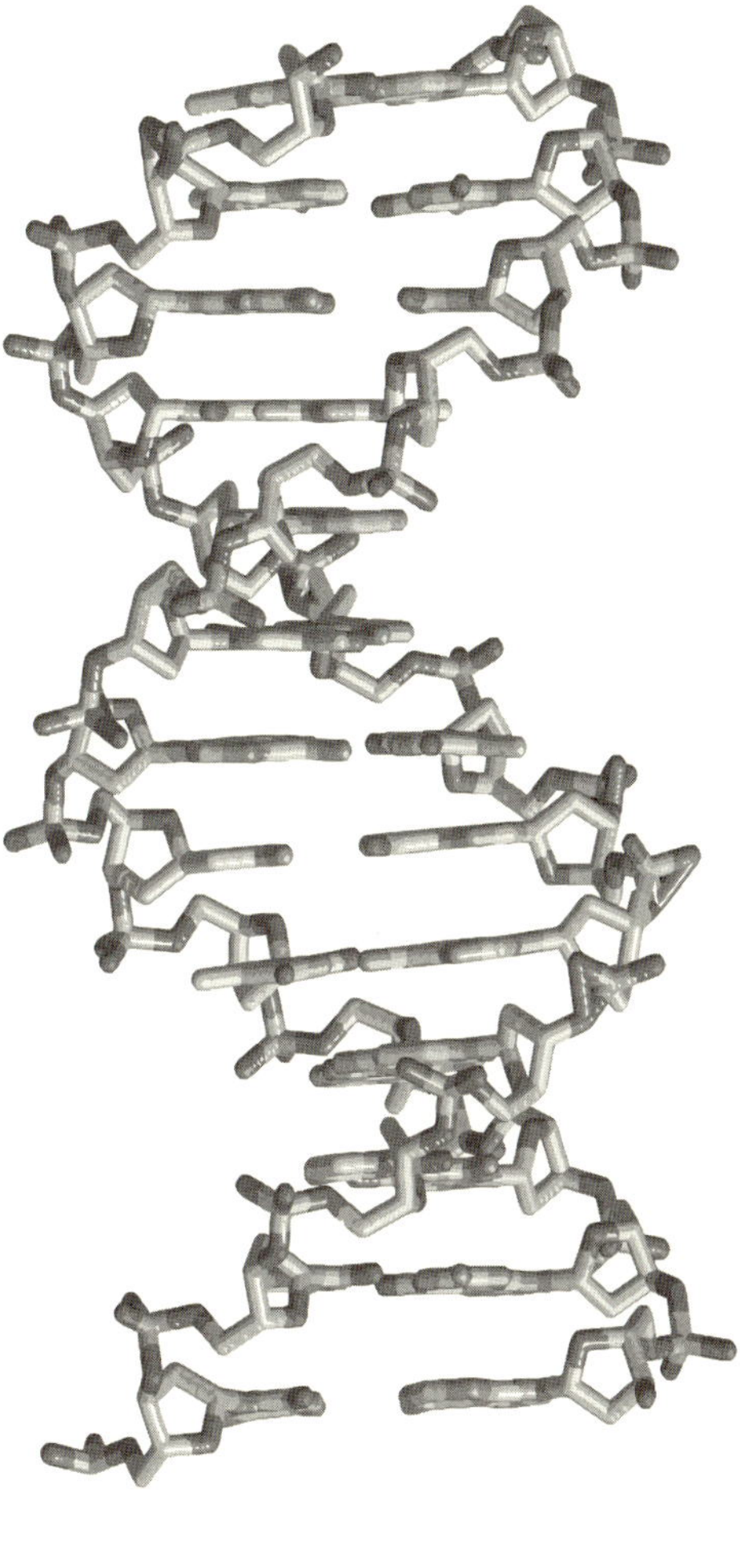

生物のつながりを理解する鍵は、私たちの細胞のなかにある遺伝物質のDNAに隠されている。DNAはひも状の長い2本の分子からなり、あいだに短い対の分子がつながっている。その様子は無数の横木をもつ、らせん状にねじれたハシゴに似ており、「二重らせん」の名前で知られる。

高等霊長類の系統樹

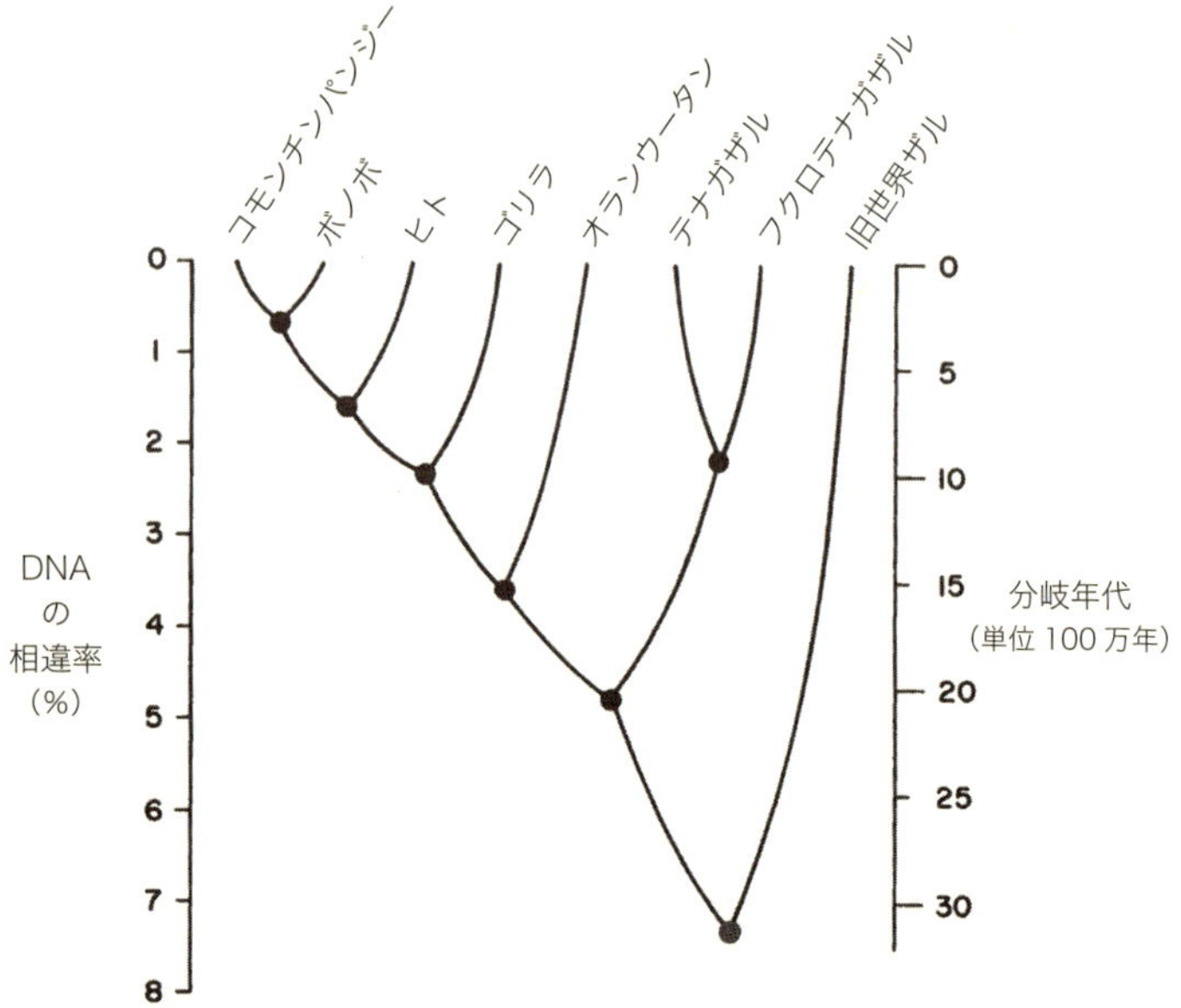

ヒトを含む霊長類の進化の系統樹。黒丸の地点で２系統のグループが共通の祖先から分岐した。右の縦軸の目盛りは分岐した年代、左の縦軸の目盛りは現存している種のDNA の相違率を示す。右下にある黒丸がスタート地点で、3000 万年以上前にさかのぼり、ユーラシアやアフリカでサルから類人猿が分岐した。その後もサルは右上に向かって現在まで進化を続けてきた。類人猿が進化していくにつれ、2000 万年前にテナガザルが枝分かれしていく。DNA の相違率が５パーセントの地点で分岐しているので、ヒトやほかの霊長類よりその DNA は５パーセント異なっている。左から２番目の黒丸を見ると、ヒトとチンパンジーが分かれたのは約 700 万年前。現時点では双方の DNA の相違率は２パーセントを下回っている。

霊長類の系統樹

科学者が霊長類の分子時計を調べると、ヒトおよび類人猿とサルとのあいだに遺伝上もっとも大きな違いが存在していた。とはいえ、これは別に驚くほどのことではなかった。類人猿が科学的に知られるようになって以来、ヒトと類人猿は、ヒトとサルのあいだ、類人猿とサルのあいだよりはるかに近縁の間柄であると広く認められていたからである。DNAの構造において、ヒトおよび類人猿のDNAとサルのDNAのあいだには、七パーセントの違いが存在することを分子時計は示していた。

また、類人猿のなかでは、テナガザルがもっとも際立った違いをもつことを分子時計は示していた。DNAにうかがえる差は、ヒトおよびほかの類人猿に比べて五パーセント。オランウータンの場合、ゴリラ、チンパンジー、ヒトとのあいだに三・六パーセントの差が認められた。類人猿の系統樹においては、テナガザルやオランウータンが、ヒトやゴリラ、チンパンジーよりも早い時期に分岐したことを意味する。今日でも、テナガザルとオランウータンは東南アジアにしか生息していない。一方、ゴリラやチンパンジーの場合、生息地はアフリカに限られ、そしてここは初期人類が誕生した故郷でもある。類人猿のなかでもっとも近い種は、コモンチンパンジーとボノボの二種のチンパンジーだ。そのDNAの構造は九九・三パーセント同じなのである。

では、ヒトの場合はどうだろう。その差は、ゴリラとは二・三パーセント、コモンチンパンジーおよびボノボとは約一・六パーセント。つまり私たちヒトは、チンパンジーとは九八・四パーセントのDNAを共有し、チンパンジーこそヒトにもっとも近い種にほかならない。そして、見方を変えれば、チンパンジーにとって、彼らにもっとも近縁の種とはゴリラなどではなく、遺伝的には私たち人間なのである。

霊長類の遺伝的距離を分子時計で測ると、ゴリラがチンパンジーやヒトへと続く系統から分岐していったのは約一〇〇〇万年前のことだった。ヒトの祖先はいまからおおよそ七〇〇万年前にチンパンジーの系統から分かれた。つまり、ヒトは約七〇〇万年の年月をかけて独自の進化を遂げてきたのだと言えるだろう。

ヒトとチンパンジーを隔てる遺伝的な距離は、テナガザルとフクロテナガザルの距離（二・二パーセント）よりも長くはない。鳥類の世界を例にとると、アカメモズモドキとメジロモズモドキは同じスズメ目に分類される鳥だ。いずれも同一の属、つまり近縁種の一群に分類される。しかし、遺伝的距離の点では、この二種の鳥には二・九パーセントの隔たりがあり、その差は私たちヒトとチンパンジーの距離よりもはるかに大きい。つまり、遺伝的距離の点からすれば、ヒト、コモンチンパンジー、ボノボは同じ属として扱われてしかるべきで、そうした点から考えれば、私たちヒトという動物はまさに第三のチンパンジーにほかならないのである。

◉人間は類人猿をどのように扱うべきなのか

ヒトとチンパンジーを隔てる遺伝的な距離がいかに小さいものであるかわかったことで、おそらく今後、人間とチンパンジーに関する位置づけが変わってくるだろう。こうした変化が生じる分野のひとつが、私たちヒトが類人猿をどのように扱えばいいのかという問題だ。この問題は倫理的な基準、つまり、なにが正しく、なにが誤っているのかという課題をともなっている。

動物園では類人猿を檻に閉じ込め、見世物にすることが当然のこととして受け入れられている。同じような真似を人間におこなうなど、とてもではないが許されるようなことではない。しかし、動物園を訪れることで高まった動物への興味がそがれては、野生にいる類人猿を保護するために必要な寄付金を集めるチャンスは減ってしまう。チンパンジーをはじめ、ほかの類人猿を展示したいという動物園側の願いと、そうしたチンパンジーと私たちがきわめて近縁の関係にあるという知識のはざまで、人間はどうやってバランスをとればいいのだろうか。

医学実験にチンパンジーを用いることも物議を醸している問題だ。これが人間なら、本人への通知や承諾なしにこうした実験を試みるのは非倫理的行為、つまり誤った行為にほかならない。チンパンジーの場合、こんな実験はなぜ許されるのだろうか。動物だからという理由なら、チンパンジーは人間とのかかわりにおいて、昆虫やバクテリアとまったく違いがないと言っているようなものである。昆虫もバクテリアもやはり単なる生物にすぎないからだ。しかし、動物がもつ知性や社会的組織、痛みを感じる能力について詳しく線引きしようとすれば、人間と動物のあいだに白黒をつけた境界線を引くことはとたんに難しいものになる。その場合、それにかかわるのが、いろいろな種に対する実験ごとに、異なる倫理的なルールを課すべきだという話になるだろう。現在、医学実験に使われている動物で、いっさいの実験が停止されてしかるべき動物はどれかという話になれば、それはチンパンジーであるのはまちがいないはずだ。

実験で使われるチンパンジーは手荒な扱いのもとで檻に置かれていることが、問題をさらにやっかいなものにしている。私がはじめて目の当たりにした研究用のチンパンジーは、じわじわと効いてくる致死性のウイルスを注射されていた。閉ざされた小さな檻のなかで、遊ぶ道具もないまま死にいたる数年を一人ぼっちですごしていたのだ。また、研究を目的に野生のチンパンジーを一頭捕獲することは、通常、ほかの数頭のチンパンジーを殺さなくてはならず、たいていの場合、子どもを捕らえるために母親が殺されている。

チンパンジーが医学研究の実験に使われるのは、遺伝的に私たち人間とよく似ているからにほかならない。治療法の改善という点では、類人猿を実験台にしたほうが、ほかの動物を使うよりもはるかに優れた結果が得られるのだ。いまも研究者は、飼育下にあるチンパンジーを使ってなんらかの病気の研究に取り組んでいる。では、同じ病気で死に瀕している子どもを抱えている親に対して、その子どもよりも、チンパンジーのほうがはるかに重要だと、どんなふうにして説明すればいいのだろう。結局のところ、こうした抜き差しならない選択に判断をくだすのは、研究者だけではなく私たち一般の市民なのだ。どのような判断をくだすのかは、人間と類人猿に対する私たちの考え方に大きく左右されそうだ。

チンパンジーとヒトの違いは

わずか一・六パーセントの遺伝子の違いで、どうやってチンパンジーはヒトへと変わっていったのだろう。もっと正確に言うなら、変化していったのはどの遺伝子だったのか。この疑問について答えるには、ヒトの遺伝物質であるＤＮＡについて理解しておく必要があるだろう。

私たちのＤＮＡの大半はこれというほどの機能をもっていない。そして、機能をもつことが解明されているＤＮＡの場合、おもだった働きはタンパク質、つまりアミノ酸の長い鎖に関係していて、その一部はタンパク質の生成をコントロールしている。ＤＮＡを形づくっている小さな分子の配列が、私たちの体を構成するタンパク質のアミノ酸の配列を決定しているのだ。ある種のタンパク質は私たちの髪の毛や体の組織を形づくっている一方で、酵素という別のタンパク質は体のなかにあるいろいろな分子を生成したり、分解したりしている。

一番わかりやすいのは、単一のタンパク質と単一の遺伝子（つまりひとかけらのＤＮＡ）から現れる遺伝的な特徴だ。たとえば、血液中で酸素を運んでいるタンパク質のヘモグロビンは二本のアミノ酸の鎖からできていて、二本の鎖はそれぞれ単一の遺伝子によって作られている。しかし、複数の特徴に影響を与えているほかの遺伝子も存在する。一例をあげれば、致命的な遺伝性疾患とされるテイ＝サックス病である。この病気には外見的な特徴がたくさんともない、よだれを垂らす、頭蓋骨の異常な成長、黄ばんだ肌の色などの症状が患者に現れる。そして、これらの影響のことごとくが、テイ＝サックス遺伝子によって決定された単一の酵素が変化したことで引き起こされているのはわかっているのだが、それがどのようにして生起しているのかはまったく不明のままなのである。

個々のタンパク質を決定するそれぞれの遺伝子の多くについては、科学者もその機能はわかっている。だが、人間の行動のように複雑な特質となると、遺伝子がどのように関係しているのかはほとんど不明のままである。ただ、芸術や言語や攻撃性など、つまりこれぞ人間というトレードマークのかずかずが、単一の遺伝子によって形成されているなどまずありえない話だ。それに人間の行動というものは、家族や文化や栄養状態といった個人をとりまいているほかの面での影響も受けている。人間のあいだで、個々の人間のあいだに見られる違いに関し、遺伝子がどんな役割を担っているかは激しい議論の的ではあるが、ヒトの行動とチンパンジーの行動のあいだにうかがえる違いについては、いずれも遺伝的な違いが重要な役割を果たしているのはまちがいないようである。

たとえば、ヒトは言語能力をもつが、チンパンジーはこの能力を備えていない。これなど、声帯（喉頭）や脳神経の配線を決定している遺伝子の違いがまちがいなく関係しているはずだ。心理学者の家庭で、この家の年格好が同じ女の子といっしょに育てられたからといって、そのチンパンジーの子どもが人間の女の子のように言葉を話すようになるわけでもないし、両足で立って歩けるようになるわけでもない。人間の場合、成長すると言葉を話しはじめる。これは遺伝子が仕組んだプログラムであるのは疑いようもないが、しかし、英語を話すようになるか、ハングルを話すようになるかは遺伝子とは無関係の話であり、当の子どもがどのような言語環境で育てられたかしだいなのだ。

次の四つの章では、チンパンジーと私たちヒトとのあいだに横たわる決定的な違いについて書かれているが、どのDNAがこうした違いをもたらしているのかはまだよくわかっていない。ただ、これらの違いは私たちとチンパンジーのDNAの一・六パーセントの差に確かに由来していると言うことはできるだろう。たったひとつの遺伝子、あるいは数個の遺伝子でさえ大きな影響をおよぼすことはわかっている。テイ＝サックス病の患者とそうでない人のあいだにうかがえる数多くの顕著な違いは、酵素で生じたたったひとつの変化に由来しているのだ。

鑑賞魚として人気のシクリッド科（カワスズメ科）の魚もまた、ささいな遺伝的な変化がもたらす衝撃の大きさを物語っている。アフリカのビクトリア湖には約二〇〇種のシクリッドが生息していて、この二〇〇種のシクリッドすべてが、たった一種の祖先から二〇万年あまりの年月をかけて進化してきた。種の違いは食性にも顕著に現れ、トラと牛ほどの相違がある。藻を食べる種がいれば、昆虫を捕らえる種、ほかの魚のウロコをかじって食べる種がいる。巻き貝を食べるもの、母親から稚魚を奪いとる種さえいる。これほどの違いを示しながら、ここに住む全種のシクリッドのＤＮＡ上の差は〇・五パーセント未満にすぎない。つまり、ヒトと類人猿を隔てている遺伝的な変異よりも規模は小さかろうと、巻き貝をつぶして食べていた魚は、突然変異によって赤ん坊殺し専門の種に変身することもできるのである。

第2章 大躍進

ヒトが類人猿の系統から分岐してから何百万年というあいだ、私たち人類は見た目がいささか立派なチンパンジーにすぎなかった。西ヨーロッパでは、わずか六万年前まで、芸術や進歩などとはほとんど無縁のネアンデルタール人がここを占領していた。ところが、突然の変化が訪れる。解剖学的には現生人類と同じ、つまり見た目には現在の私たちと変わりのない、芸術と楽器、交易と進歩を携えた者たちがヨーロッパに出現したのだ。ネアンデルタール人は間もなくその姿を消していく。

もしも、私たちが人間になった瞬間と呼べる時があるとすれば、それは六万年前にさかのぼるこの「大躍進」の瞬間にほかならない。おそらく大躍進は、アフリカや中東で起きていた、同様な躍進のもうひとつの結果だったのだろう。このときの躍進は、大躍進に先立つ数万年のあいだにわたって続いていた。もっとも数万年といっても、人類が類人猿の歴史を分岐してからたどった長い歴史からすると、それは一パーセントにも満たないいつかの間の出来事にすぎない。

人類が野生動物を家畜化し、農耕と冶金《やきん》を手がけ、文字を発明するのは、大躍進からわずか数万年後のことである。そして、「モナ・リザ」が描かれ、ベートーベンの交響曲が誕生し、エッフェル塔が建設され、さらに国際宇宙ステーション（ISS）、大量破壊兵器などの発明といった文明の記念碑のかずかずが登場するのは、あと数歩のことにすぎないのだ。

なぜ、私たちは突然人間性の高みに押し上がることができたのだろう。なにがネアンデルタール人に没落をもたらし、どのような運命をネアンデルタール人はたどっていったのか。ネアンデルタール人と現生人類は互いに顔を合わせていたのか、遭遇していたとするなら、互いに対してどのようにふるまっていたのだろう。つまり、いったいなにが私たちをヒトたらしめ、ホモ・サピエンスという特定の枝が、ヒト科の系統樹の最終的な位置を占めるにいたったのだろうか。

ヒトになる

地球上に生命が誕生したのが数十億年前のことで、恐竜が絶滅したのはおおよそ六五〇〇万年前だった。私たち人類の祖先がチンパンジーの祖先から分かれたのはほんの一〇〇〇万年から六〇〇万年前のことにすぎない。生命の歴史において、ヒトの歴史の割合はごくごくわずかなパーセンテージしか占めていないのだ。SF映画には、恐竜から逃げまどう穴居人が出てくるが、こんなシーンこそまさにサイエンス・フィクションにほかならない。

ゴリラとチンパンジー、そしてヒトの共通祖先はアフリカに住んでいた。ゴリラとチンパンジーは現在でもアフリカにしか生息していないが、数百万年前までは人類もアフリカから足を踏み出すことはなかった。もともと、人類の祖先も類人猿の一種にすぎなかったが、しかし、あいついで起きた三つの変化をきっかけに、現在の人類にいたる方向へ向かっていく。

一番目の変化は約四〇〇万年前に現れていた。化石の様子から、人類の祖先は二足歩行を常におこなっていたことを示していたのだ。これに対してゴリラやチンパンジーは通常、四足で歩行して、二足で立ち上がるのはときどきのことでしかない。ヒトの祖先が二足歩行を始めるようになると、両手は自由に使えるようになっていく。とりわけ大きな意味を帯びていたのが、その手で道具を作れるようになったということだった。

二番目の変化は約三〇〇万年前に起きていた。現生人類のすべては、ホモ・サピエンスという同一の種に属しているが、人類の系統――人類の祖先から現在の私たちへと連なる流れは、過去においておそらく数度、少なくとも二種に分かれて同時期に生息していた。そして、人類の系統が二つの種に分岐したのが、おおよそ三〇〇万年前のことだったのである。ひとつは厚い頭蓋骨と大きな臼歯をもつ猿人だった。猿人はおそらく繊維質の多い植物を食べていたのだろう。この猿人はアウストラロピテクス・ロブストゥス（*Australopithecus robustus*）と呼ばれ、「頑丈な南の猿」という意味だ。そして、もう一種は、もっと軽くて薄い頭蓋骨と小さな歯をもつ猿人である。おそらく、食性の幅はもっと多彩だったのだろう。アウストラロピテクス・アフリカヌス（*Australopithecus africanus*）、「アフリカの南の猿」と呼ばれている。

アウストラロピテクス・アフリカヌスが進化し、脳がさらに大きくなったのがホモ・ハビリス

(*Homo habilis*)、すなわち「器用な人」と呼ばれる種だった。だが、数百万年前のアフリカで、私たち人類の系統樹を生きていたのは、ホモ・ハビリスだけではなかった。現在では、化石という証拠から、数種におよぶ先行人類つまり初期人類が、同じ時期にアフリカの地に生息していたことがわかっている。

そして、私たちの先祖から類人猿的な様子が薄れ、より人間らしいものへと変わっていったのが第三番目の変化、つまり恒常的に使われるようになっていた石器の存在だった。道具の使用は、動物界に明らかな起源をもつヒトの特徴にほかならない。人間のほかにもキツツキフィンチ、エジプトハゲワシ、ラッコなど、動物にも食べ物を捕らえたり、加工したりするために、同じく石や枝を道具として使うように進化してきた生き物がいる。だが、人類ほど道具に頼っている動物はほかにはいない。

コモンチンパンジーも、石器を含めてよく道具を使っているが、景観を変えてしまうほどの量で使うことはない。しかし、二五〇万年前ごろになると、先行人類が住んでいる東アフリカでは、各地で大量の荒削りな石器が登場するようになる。そして、東アフリカには複数種の先行人類が生息していただけに、誰がこの石器を作っていたのだろうかということになる。どうやら、進化を重ねながら生き残ってきた種によって、こうした初期の石器は作られていたようなのだ。

アフリカで起きたふるいわけ

このころアフリカには二種か三種の先行人類が生息していたが、人類として現在はただひとつの種しか存在していない点を踏まえると、ほかの種が絶滅したのは明らかである。だとすれば、どの種が生き残り、そして私たちの祖先へと進化していくことになったのだろう。

勝ち残ったのはきゃしゃな頭蓋骨をもつホモ・ハビリスで、彼らは脳のサイズと体の大きさを増加させていった。そして、約一七〇万年前までにはその変化は明らかな違いを示すようになり、研究者は私たちの祖先に対し、「直立して歩くヒト」という意味のホモ・エレクトゥス（*Homo erectus*）という新たな名前を授けた（ホモ・エレクトゥスの化石は、これまで説明してきたもっと古い年代に属する化石に先立って発見されたため、命名した研究者は、ホモ・エレクトゥスが直立して歩いた最初の先行人類ではないことを知らなかった）。その一方で、アウストラロピテクス・ロブストゥスの系統、つまり「頑丈な猿人」たちは、一二〇万年前以降のどこかの時点でその姿を消していた。また、彼ら以外の先行人類が存在していたとしても、こうした種もこのころには死に絶えていたのにちがいない。

頑丈な猿人とそのほかの先行人類はなぜ絶滅してしまったのだろう。考えられるのは、肉と植物を食べて道具を使い、そして大きな脳をもつホモ・エレクトゥスとの競争に、彼らが勝つことができなくなったからである。あるいは、ホモ・エレクトゥスが自分たちの親戚に当たる頑丈な猿人を殺し、その肉を食べたことで、絶滅へと追いやってしまった可能性も考えられるだろう。

アフリカで起きたふるいわけの結果、ホモ・エレクトゥスが先行人類として一人アフリカの舞台にとどまる。そして、約二〇〇万年前に始まったホモ・エレクトゥスの領土拡大は、このころには領地をすでに十分に広げていた。使っていた道具や遺骨から、彼らは中東、さらに東アジアに到達していた事実がうかがえる。その脳はますます大きくなり、頭蓋骨もいっそう丸みを帯び、現在の私たち人類に向かってホモ・エレクトゥスは進化を続けていった。およそ五〇万年前までには、私たちの祖先のなかから、現生人類に十分よく似たもの、ホモ・エレクトゥスとは明らかに異なるものが現れ、私たち自身と同じ種、つまりホモ・サピエンス（*Homo sapiens*）として分類されるようになった。とはいえ、その頭蓋骨は現生人類のものよりももっと厚く、眼窩《がんか》の上辺も大きく張り出していた。

五〇万年前に起きたこのホモ・サピエンスの登場こそが大躍進だったのだろうか。実はそうではない。ホモ・サピエンスの登場とともに、特筆するような事件がただちに起きたわけではないのだ。洞窟の壁画、住居、弓と矢が登場するのはまだまだ数十万年先の話である。その石器はホモ・エレクトゥスが約一〇〇万年にわたって作っていたものと同じように荒削りなものだった。初期のホモ・サピエンスが備えていた余分な脳の大きさは、私たちの生活のあり方について劇的な変化を決してもたらすものではなかった。私たちが人間へと上昇していくことは、遺伝子の変化にただちに関係するものではなかったのである。つまり、第三のチンパンジーが「モナ・リ

ヒト科の系統樹

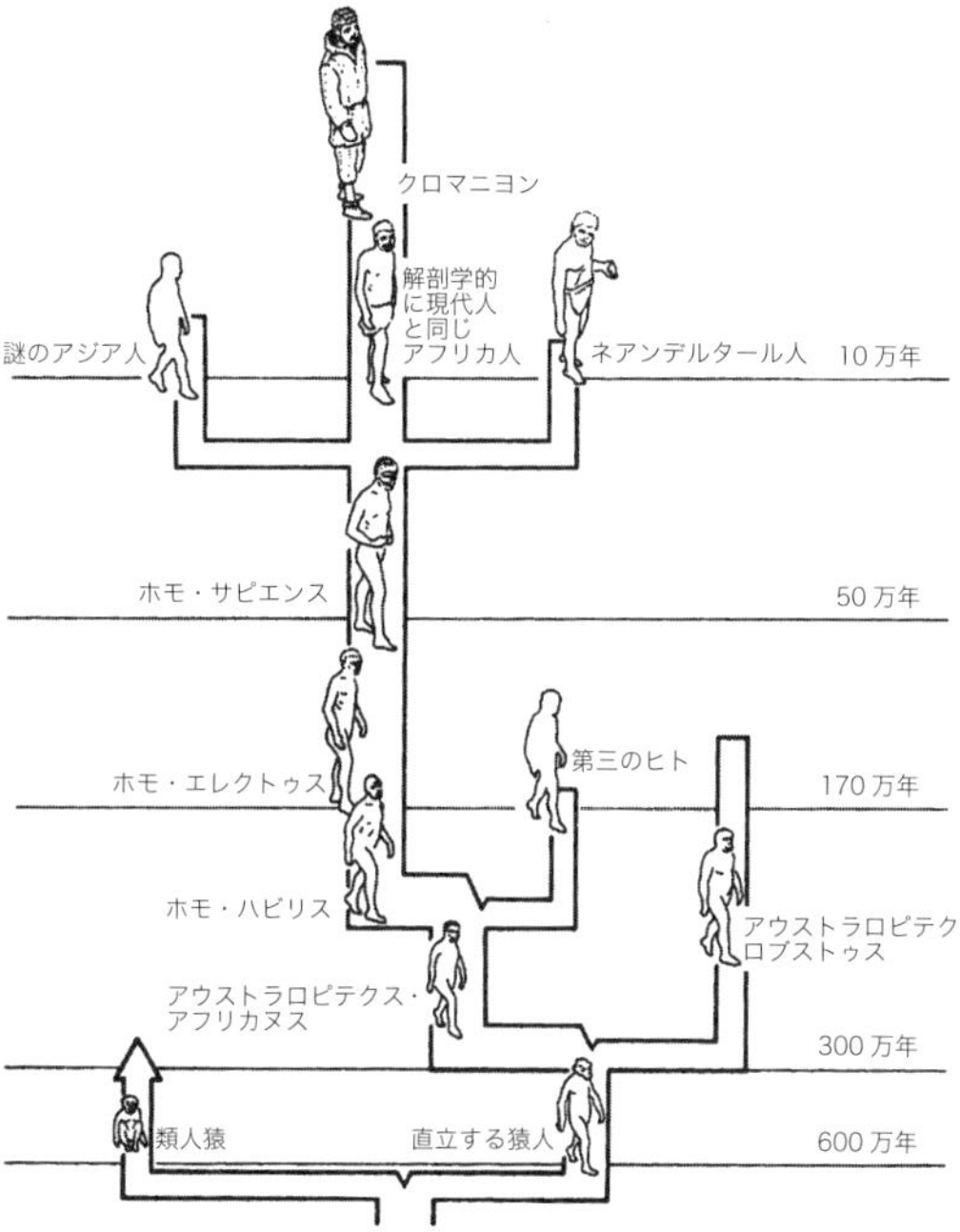

系統樹から分かれた多くの枝を見ると、長大な先史時代において、人類はほかの種とともに世界を共有していたことがわかる。ヒト科の祖先は、約700万年前に類人猿から分かれた。そして400万年以前ごろまでには、ヒト科のあるものは両足で歩くようになっていた。300万年前ごろに人類の系統は、アウストラロピテクス・アフリカヌスとアウストラロピテクス・ロブストゥスの2種に枝分かれするが、後者の系統はのちに絶滅する。一方、アウストラロピテクス・アフリカヌスから派生した系統はそれ自体が枝分かれしている。ホモ・ハビリスからはホモ・エレクトゥスが出現して、のちにホモ・サピエンスへとつながっていく（化石の様子から、別種のアウストラロピテクス・アフリカヌスの系統に属する種、時に「第三のヒト」と呼ばれる種がアフリカに生息していて、その後、絶滅したことがわかっている）。ホモ・サピエンスは最終的に3つの種へと分岐していく。そのひとつはアフリカに住み、解剖学的には現代人と同じアフリカ人へと続いていき、今日、地球規模で生息する人類へと進化していった。もうひとつの系統から進化したのがネアンデルタール人で、この種も絶滅している。3番目の種が「謎のアジア人」と呼ばれるもので、その歴史の研究はまだ始まったばかりだ。

ザ」を描こうという考えを抱くようになるまでには、さらに決定的な要素をいくつかつけ加える必要があったのである。

◉人類は有能なハンターだったのか

ホモ・エレクトゥスの出現からホモ・サピエンスが出現するまでの一五〇万年のあいだ、私たちの先祖はこの時代をどうやって生きてきたのだろう。

この年代を知る道具として残っているのは、粗雑に作られた石器だけである。その石器は大きさも形もさまざまだ。考古学者はこの違いに基づいて、これらの道具に「ハンドアックス」や「チョッパー」などと名前をつけてきた。しかし、実際にはこんな命名も単なる推測にすぎない。道具に残った摩耗の跡からすると、道具の大小、形にかかわらず、いずれも肉や骨や皮、あるいは木材や植物などを切るために使われていた。はるか後年の時代の道具とは違い、精巧でも、特定の用途に合わせて作られたものでもなかった。

こうした粗雑な道具を使って、私たちの祖先はどんな食物をどうやって手に入れていたのだろう。人類の起源に関する本に描かれている共通したイメージは、私たちの祖先は「狩りをする人」というものだ。人間の社会性を研究する人類学者のなかには、先行人類は、大型獣の狩りを通じて互いに協力しあうことを学び、言葉を発達させて大きな脳をはぐくみ、集団を形成して、食物を分配するようになったと示唆する研究者がいる。

狩猟に過剰なこだわりを抱いているのは欧米の作家や人類学者だけではない。私はニューギニアで本物の狩人とともに生活をしたが、彼らはつい最近になって石器時代から抜け出してきた人たちだ。キャンプでたき火を囲みながら、彼らは何時間も狩りについて語りつづけた。こうした人たちは、カンガルーの肉を毎日食べ、狩りのほかにはなにもしていないと思われるかもしれない。しかし、事細かく問いつづけると、カンガルーをしとめたことなど、誰も生まれてからこのかた数頭でしかないと認めた。ある朝のことだった。弓矢を携えた一団についていっしょに狩りに出かけた。倒木のかたわらを過ぎようとしたときである。男たちが大きな声で叫びはじめた。猛りくるった野豚かカンガルーが襲いかかってきたのではないかと思い、私は木の上に逃れようとあたりを見回していた。それから聞こえてきたのが勝ち誇った雄叫びで、やぶのなかから二人の狩人が獲物をかざしながら意気揚々と姿を現してきた。手にしていた獲物こそ、まだ飛び立つこともできない二羽のミソサザイのヒナにほかならなかった。この日、二羽のほかに数匹のカエルとたくさんのキノコがとれた。

初期人類は確かに肉を口にしていた。動物の骨の化石には祖先が使った道具の痕跡が残っているし、骨から肉を切り落とした跡が石器にも残されている。しかし、問題は、私たちの祖先が大型獣の狩猟で得た肉をどれだけ食べていたかで、すでに死んでいた動物の体からどれほどの量の肉をあさっていたかだ。人類が狩りをしていたことを確かに示す最古の証拠は約一〇万年前にさかのぼるものの、当時の人類は、狩人としてまだそれほど上手ではなかったのは明らかである。とすれば、何十万年前の人類は、狩猟技術の点でさらに劣っていたのはまちがいないだろう。

現代の狩猟採集民を対象にした研究では、家族が摂取するカロリーのほとんどは女性が集める植物性の食物によってまかなわれていることがわかっている。しかも、これらの人たちは初期のホモ・サピエンスよりもはるかに優れた武器を使っているのだ。時には男たちも大型獣をしとめ、タンパク質の摂取に大いに貢献する場合もあるが、しかし、大きな獲物がおもな食料供給源であるのは唯一北極圏に限られている。

人間特有の脳と社会の発達については、狩猟がその背中を押してきたとよく言われる。だが、この見解もどうやら疑わしい。大型獣の狩猟が人間の食料獲得に果たしていた役割はごくわずかで、それは人類が解剖学的にも行動面においても、現代の人間と変わらない進化を果たしたあとでも違いないと私は考えている。人類の歴史の大半を通じ、私たち人間は有能な狩人などではなく、石器を使って植物性の食物や小動物を手に入れ処理していた、手先の器用なチンパンジーにほかならなかった。大きな獲物をしとめていたにせよ、それはごくたまのことにすぎなかったのである。

氷河期を生きたネアンデルタール人

大躍進を目前に控えていた時代、世界の各地には少なくとも三種の異なる人類の集団が生息していた。いずれもまぎれもない最後の原始人で、大躍進の時期を通じ、現生人類にとってかわられていく。なかでもよく知られているのが、西ヨーロッパからロシア南部と中東を経て、中央アジア一帯に住んでいた集団だった。彼らがネアンデルタール人にほかならない。

完全なネアンデルタール人であることを示す頭蓋骨や骨は、最古のもので約一三万年前にさかのぼる。これよりさらに古い化石のなかには、その後になって登場するネアンデルタール人の特徴をうかがわせるものも出土しているが、遺骨のほとんどは七万四〇〇〇年前以降である。そして、六万年前以降のある時点で最後のネアンデルタール人が息を引き取っている。つまり、ネアンデルタール人は、ヨーロッパとアジアが最終氷河期のさなかにあったころに繁栄を迎えていたのだ。その生活は寒冷に適応していたのはまちがいないが、といってもごく限られていた。というのも、イギリス南部、北ドイツ、中央アジアのカスピ海より北部には、ネアンデルタール人はまったく広がっていないからである。人類がシベリアや北極に足を踏み入れるのは、完全な現生人類が登場してからのことだった。

現代人に比べると、ネアンデルタール人の頭部はとても個性的な形をしていた。ニューヨークやロンドンの通りを、いまどきのスーツやブランド物の服に身を包んで歩いていたとしても、周囲はその姿に目を剝いてしまうはずである。額は狭く、うしろに傾斜している。眉は大きく隆起した骨稜《こつりょう》の上に置かれ、鼻と顎と歯は顔の上半分よりも前に突き出ていた。下顎には顎の先端の部分である頤《おとがい》がなかった。とはいえ、その脳は現代の私たちの脳よりも一〇パーセント近くも大きい。肩や首の筋肉はよく発達していて、手足の骨も現代人よりはずっと頑丈だった。握力も私たちよりははるかに強い。その手を握って握手でもしようものなら、私たちの手の骨などこなごなになってしまうだろう。

ネアンデルタール人を知るうえで、骨以外におもな手がかりとなるのが彼らの使っていた石器である。初期人類の道具がそうだったように、ネアンデルタール人の道具もそのまま手で握って使う石器で、柄のような別のものにくくりつけられてはいなかった。こうした石器は、使いみちによって特定のタイプに分類できるものではない。石器のなかには、明らかに木の道具を作り出すために使われていたと思われるものも出土しているが、しかし、木製の道具はほとんど残されていない。唯一の例外はドイツで発掘されたケースで、すでに絶滅した種のゾウのあばら骨部分に約二・五メートルの木製の槍が突き刺さっていた。このときの猟はうまくいったようだが、おそらくネアンデルタール人は大型獣の狩りに関してはとりたてて上手とは言えなかったようである。ネアンデルタール人の人口は限られていたし、このころアフリカに住んでいた、解剖学的には現代人に近い人たちでさえ狩人としては有能ではなかったからである。

住み着いた土地の気候に合わせ、ネアンデルタール人は寒さをしのぐシェルターに住んでいた

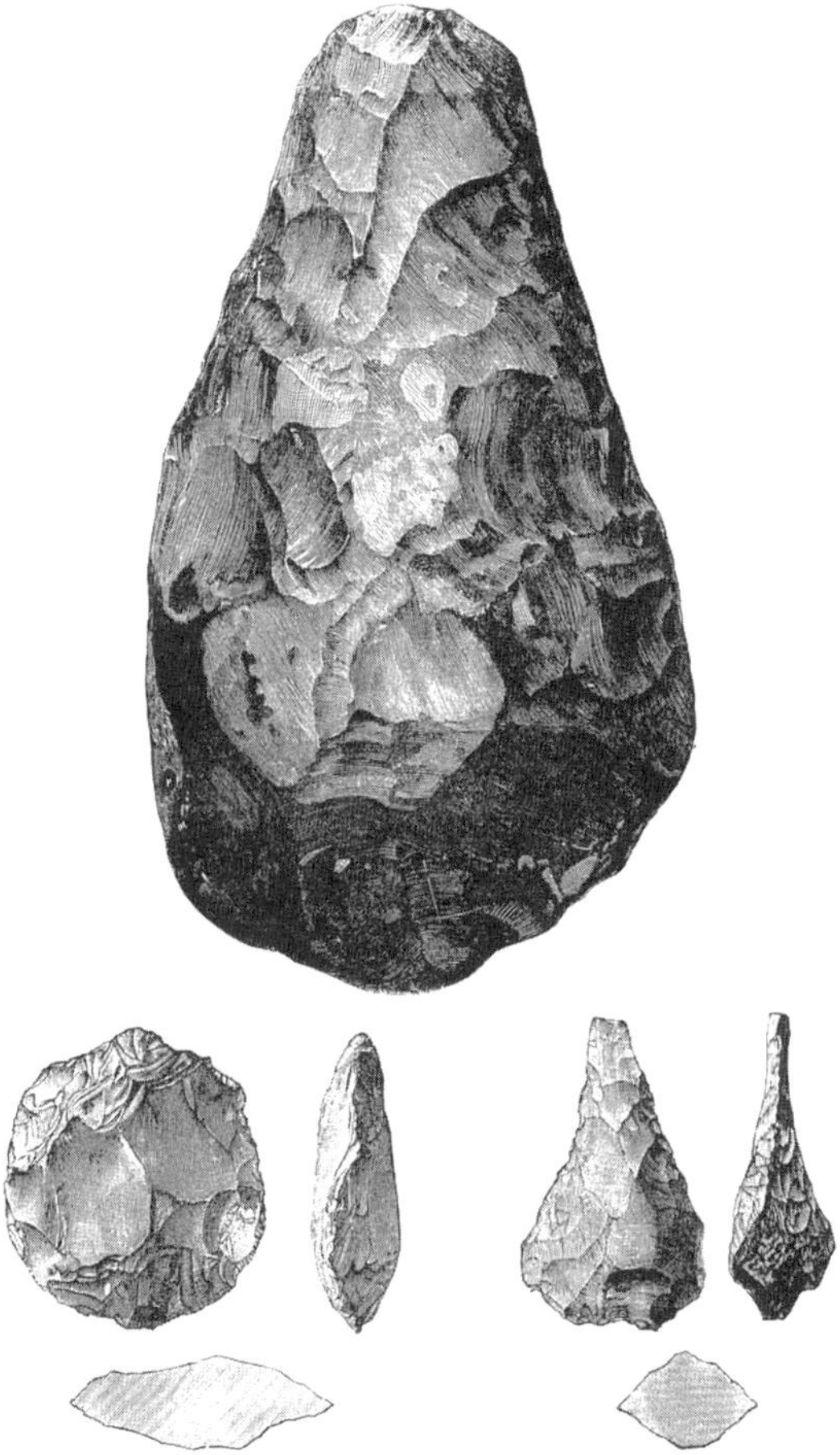

イギリス南東部で発掘された石器を描いた初期の細密画。100万年あるいはそれ以上という年月にわたり、こうした石器を作ることが人類の最先端のテクノロジーだった。研究者によってハンドアックス（握斧）として分類されている石器もあるが、当の作り手がどのように使用していたのかは研究者自身にもよくわかっていない。図のように鋭い刃先をもつ石器は、植物の根や枝、動物の皮や肉も切り裂くことができた。

はずだが、住居は粗末な作りだった。わずかに残されているのは、積み上げた石の山と木の柱を支えた穴で、後年、クロマニヨン人が建てた手の込んだ住居とはなんとも比べようがない。また、動物の皮や毛皮をまとっていたはずだが、服を仕立てようにも裁縫の針は一本ももっていなかった。舟はなく、長距離の交易をしていた形跡もない。おそらく芸術活動もおこなわれてはいなかったのだろう。

とどのつまり、ネアンデルタール人には、人間にとってもっとも重要な資質である「革新性《イノベーション》」、すなわち新たにものを生み出す能力が備わっていなかったようなのだ。時間や場所を隔てていながら、ネアンデルタール人の道具がまったく変わっていない点からこの事実がうかがえる。六万年前のヨーロッパで使われていた道具と、一〇万年前の中東でネアンデルタール人が手にしていた道具はうり二つなのだ。大きな脳をもっていたにもかかわらず、ネアンデルタール人にはなにかが欠落していたようである。

しかし、そうであっても、いくつかの点から私たちはネアンデルタール人に人間性を認めることができるだろう。ひとつには、火を恒常的に使っていたことをはっきりと示す証拠を残した最初の人間がネアンデルタール人にほかならない。保存条件に恵まれたネアンデルタール人の住んでいた洞窟内部には、灰と木炭を含んだ一角があり、簡単な暖炉として使われていたことを示している。さらにもうひとつ、遺体を埋葬する習慣を最初にもつようになった人間がネアンデルタール人かもしれない。ただし、この点については、まだきちんと立証されているわけではない。

だが、病気になった仲間、年老いた仲間のめんどうをみていたのは明らかだ。年老いたネアンデルタール人の骨を見ると、萎《な》えた腕、歯の欠損、治りはしたものの不自由を残した骨折など、大半が深刻な身体的ハンディを負っていたことがうかがえる。このような不自由を抱えていれば、若い仲間の世話に頼ることなしに、年老いたネアンデルタール人は命をつないでいくことができなかったはずである。そう考えれば、最終氷河期を生きていたこれら奇妙な生き物――つまり、人間とよく似た姿をしていながらも、その精神はまだ人間とは言いがたい生き物に対して、私たちは自分の同族であるという印をまちがいなく見てとることができるはずだ。

ネアンデルタール人は、私たちと同じ種に属していたのだろうか。それは、私たち現生人類が、ネアンデルタール人の男や女と交配が可能で、生まれた子どもをいっしょに育てていくことができるかどうかにかかっている。これから説明するように、それが起きるチャンスはいまから約六万年前、大躍進の時代に確かに存在していた。

もうひとつの人類集団

ネアンデルタール人は、五万年から一〇万年前のアフリカ大陸とユーラシア大陸、つまり旧世界を占領していた少なくとも三種の人類集団のうち、その一集団にほかならない。そして、もうひとつの人類集団は東アジアに生息していた。この地域から発掘されたいくつかの化石から、この人類はネアンデルタール人とも現生人類とも違っているのは明らかだが、出土した骨はまだ十分ではないため、詳細を解き明かすにはいたっていない。

一〇万年前のアフリカに住んでいた集団についてはもっと詳しくわかっている。アフリカに住んでいた集団のなかには、現在の私たちとほとんど変わらない頭蓋骨をもつものがいた。これらアフリカ人は、一見すると現代人とよく似た体つきをしていたが、手にしていた石器は現代人とはほど遠い風貌のネアンデルタール人が使う石器とまったく同じだ。これら「中期旧石器時代アフリカ人」とでも呼ばれる人たちは、弓矢や漁網、釣り針、芸術、発明の才はまだもちあわせていない。その骨格はほとんど現代人と変わらず、遺伝子も私たちとほぼ同じだと思われるにもかかわらず、それだけでは現代人のような行動様式を引き出すには十分ではなかった。

中期旧石器時代アフリカ人が住んでいた洞窟を調べた結果、彼らがなにを食べていたのか、それについて自信をもって答えられる知識がはじめて得られた。海岸周辺の洞窟からは、彼らが食べていたアザラシ、ペンギン、貝の化石が見つかっている。また、中型哺乳類を捕らえ、とくにレイヨウ（アンテロープ）の一種であるエランドを獲物にしていた。食べられていたエランドはどの年齢にもおよんでいるので、群れ全体を崖から追い落とすような猟がたびたびおこなわれていたのだろう。ゾウやサイなど、エランドより危険な動物の骨は食べ物の跡から見つかっていない。バッファローの骨は発見されたが、それは非常に若いか非常に年老いたものに限られていた。中期旧石器時代アフリカ人は大型動物の狩猟者ではあったが、かろうじてそう呼ばれる程度にとどまっていた。彼らが口にしていたものの大半は、植物性の食物や小型の獲物だったのではないかと私は考えている。

以上のことから、五万年前までの世界には三つの人類集団が存在していたことがわかっている。ヨーロッパと西アジアにはネアンデルタール人、アフリカにはますます現代人に似てきた人びとが住み、そして、東アジアには三番目の種に相当する人たちが生息していた。こうして大躍進への準備は整えられた。そして、躍進へと踏み出していったのはどの集団だったのだろうか。

現生人類の台頭

変化は突然に起こり、フランスとスペインにはその証拠がもっとも鮮明に残されている。六万年前ごろ、ネアンデルタール人がかつて住んでいたこの地域に、現生人類が出現したのだ。遺骨がはじめて発掘されたフランスの地名から、クロマニヨン人と呼ばれることが多い。クロマニヨン人は解剖学的には現代の私たちに似ている。流行の服を着てパリの表通りを散歩していても、周囲の人たちから浮いてしまうようなことは決してないだろう。

骨格とともに、考古学者の関心をかきたてたのがクロマニヨン人の道具だ。クロマニヨン人において、現代的な体の構造と現代的な革新の才能がついにひとつになったことを道具は示唆していた。針、釣り針、臼と杵、返しのついたモリ、弓矢など、最終氷河期を生きたこの人類は、はっきりとした用途に合わせ、さまざまなカテゴリーにおよぶ形態で各種の道具を作っていた。動物の骨や角から作られた道具もはじめてだった。同様に、木製の柄をもつ斧のように、いくつかに分かれた部分を結びつけたり貼りあわせたりした複合的な道具がはじめて出現している。クロマニヨン人の場合、道具の刃は大きな石をたたいてかきとった剝片からできていたので、同じ量の原石を使いながら、ネアンデルタール人の一〇倍の量におよぶ刃を作り出していた。

最終氷河期の遺跡は、ネアンデルタール人や中期旧石器時代アフリカ人が残した遺跡に比べてはるかに多い。この時期に出現した人類の人口は、ほかの二つの人類よりも圧倒的に多かったはずだ。この事実から、クロマニヨン人は食料の獲得の点でも、ネアンデルタール人や中期旧石器時代アフリカ人をうわまわる成功を収めていたことがうかがえる。実際、クロマニヨン人は大型獣の狩猟に秀でていた。繰り返し訪れた氷河期を生き延びてきた大型獣だったが、その多くが最終氷河期の終わりに絶滅しているのは、おそらく、これまでにない狩猟技術を得た人類によって息の根をとめられたせいなのだろう（この可能性については第14章と第15章でさらに詳しく検討する）。

オーストラリア、北ロシア、シベリアなど、改良を経た技術のおかげで、人類は新たな環境へと進出していくことができた。ヨーロッパでは遠距離の交易がおこなわれている。高品質の石でできた道具が現代の考古学者によって発掘されているが、材料の黒曜石や火打ち石が切り出されたのは発掘場所から何百キロも離れていた。硬化した樹脂を宝石としたものが琥珀であり、北ヨーロッパのバルト海沿岸に産出していた琥珀は南ヨーロッパにまで到達していた。地中海産の貝殻はフランス、スペイン、ウクライナの内陸にまで運ばれている。

装飾品を交易していた事実は、最終氷河期の人類が芸術と美に対するセンスをもちあわせてい

◀野牛、シカなどの姿が描かれた南フランスのラスコー洞窟の壁。約1万7000年前の氷河期の終わりに生きた人たちによって描かれた先史時代の芸術。1940年に4人の少年たちによって発見された。

たことを明らかに示している。クロマニヨン人が到達したなかでも、これがもっとも私たちの賞賛に値する点だ。これこそ彼らの芸術なのだ。洞窟の壁は、いまは絶滅した動物をさまざまな色で鮮やかに描いた絵でおおわれていた。さらに像や装飾品が作られ、フルートやガラガラのような楽器さえ見つかっている。

道具や芸術の進歩はいっせいに開花したというわけではない。さまざまな革新が時と場所を変えて現れていた。一例をあげるなら、ペンダントとビーズは洞窟壁画より前に現れていた。ケブカサイを壁に描いたのはフランスに住む人たちだけである。ウクライナの人たちだけがマンモスの骨で家を建てていた。文化にうかがえるこうした時間と空間的な多様性は、ネアンデルタール人のどの地域でも同じで、代わり映えしない文化とは似ても似つかないものである。そして、この多様性が意味するものこそ、私たちが人間へと上昇していくことにともない新たに現れたもっとも重要な要素、つまり発明を生み出す能力にほかならなかったのである。

ネアンデルタール人になにが起きたのか

ネアンデルタール人は、ヨーロッパの地においてクロマニヨン人へと進化したのだろうか。どうやらそうではないらしい。六万年前以降の時代を生きた最後のネアンデルタール人の頭蓋骨は、完全にネアンデルタール人のままでありながら、一方、そのころヨーロッパに現れた最初のクロマニヨン人の場合、完全に現生人類と同じ体をしていた。解剖学的に現代人と同じ人たちは、すでに何万年もの前からアフリカや中東に存在していた。現生人類はヨーロッパで進化したというより、アフリカや中東方面からヨーロッパに侵入した公算のほうが高いだろう。

侵入してきたクロマニヨン人がネアンデルタール人と遭遇したとき、どんなことが起きていたのだろうか。はっきりしているのはその最終結果だけである。ネアンデルタール人はごく短期間のうちに絶滅していた。

私には、クロマニヨン人の到着がネアンデルタール人の絶滅のなんらかの原因となっていたとしか考えられない。大躍進の時代にヨーロッパで起きていたのは、現代の世界でもたびたび起きていること、つまり、進んだ技術をもつ大勢の人間が、技術や人口に劣る土地に侵攻したり、あるいは植民地化したりした場合にかならず起きてしまうことが、このときにも起きていたと思えるのだ。

たとえば、ヨーロッパの入植者が北アメリカに侵入した際には、北アメリカの先住民は、侵入者がもたらした疫病が原因で死亡している。生き残った先住民の大半は、殺されるか、それとも自分の土地から追い出されていった。それさえ生き延びた者のなかには、ヨーロッパの技術（馬と銃）を採用して、つかの間の抵抗を試みる者がいた。そうしなかった者は、入植者が見向きもしない土地に追いやられるか、あるいはヨーロッパ人と混血していった。

平原インディアンが馬と銃でヨーロッパ人に挑んだように、ネアンデルタール人にもクロマニヨン人の方法を学び、しばらくは抵抗を続けた者がいたのかもしれない。では、交配と混血のほうは起きていたのだろうか。これぞネアンデルタール人とクロマニヨン人の混血だという頭蓋骨の化石は見つかっていない。ネアンデルタール人の行動様式が、推測した通りの原始的なものであり、しかも化石が示しているように、クロマニヨン人とネアンデルタール人の外見が違っていれば、両者いずれの側も交配にはまったく興味を覚えることはなかっただろう。混血はほとんど起きていなかったと私は考えている。

しかし、短い期間だったが、世界のある場所でそれは起きていたことがその後知られるようになった。近年、ネアンデルタール人のDNAの再構成が可能となり、ヒトのDNAとの比較ができるようになったのだ。研究の結果、中東で現生人類が生息を始めたころ、そのうちの何人かが現地のネアンデルタール人と混血していたことが明らかになる。つまり、いま生きている人という人は、誰もがネアンデルタール人の遺伝的プログラムを受け継いでいるのだ。その遺伝子の量は少量で、私たちの遺伝子全体の約一パーセントにすぎない。当初の交配はつかの間のことで、それ以降、現生人類が中東を越えて移動し、ヨーロッパに住みつくようになってからは、現生人類がネアンデルタール人と交配を続けていたことを示すような証拠は存在していない。

大躍進をもっとも明瞭に示す証拠のほとんどは西ヨーロッパから発掘されているが、東ヨーロッパでは、それよりも少し早い時期に、現生人類はネアンデルタール人にとってかわった。中東では九万年前から六万年前の約三万年のあいだ、この地域の支配がネアンデルタール人とクロマニヨン人の双方で何度となく入れ替わっている。

一回目の躍進

大躍進はアフリカで事実上始まった。解剖学的に現生人類と同じ人たちがここに出現したのは一〇万年以上も前のことで、はじめのころは彼らもネアンデルタール人と同じような道具を作り、ネアンデルタール人より決して優れていたというわけではなかった。しかし、六万年前ごろまでのことになるが、行動面においてなにか魔法のひとひねりのようなものが生じた結果、その体に現代的な構造が加わる。このひとひねりによって革新の才が授けられ、完全に現代的な人類が生み出されたのだ。彼らは中東、ヨーロッパ、アジアへと広がっていき、先住のネアンデルタール人にかわってこれらの地域をわがものにしていく。

二〇〇万年前のふるいわけが起きるまで、アフリカでは何種かの先行人類がともに生存していた。そして、同様のふるいわけがいまから六万年前以内にも人類集団のあいだで発生したようなのだ。今日、世界で生きている私たちは一人残らず、このときのふるいわけで勝利した者たちの子孫なのである。そして、この戦いで私たちの祖先を勝利に導いた最後の要因、つまり魔法のひとひねりとはいったいどういうものだったのだろう。

◉フローレス島の小人

二〇〇四年、人類の起源に関して驚くべき発見が報告された。インドネシアのフローレス島で調査をしていた研究者が、小型の化石人類を発掘したのだ。フローレス島は生物学を研究する者には名だたる島で、現存する世界最大のトカゲ、コモドドラゴンの生息地であり、いまは絶滅した小型のゾウもこの島に生息していた。そしてつい最近、かつてこの島は、身長が一メートルにも満たず、脳の大きさも現生人類の四分の一程度という、つまりチンパンジーとほぼ同じくらいのサイズの人類の故郷であったことが明らかになったのである。

発見されたこの化石がなにを意味するのか、科学者の論議はいまも続いている。ある研究者は、フローレス島の小人は、ホモ・エレクトゥスの親戚に当たる大昔に絶滅した原人であり、現生人類がインドネシアに到達してからも何万年間と生きつづけてきたと考えている。別の研究者は、これらの化石は病気や遺伝子の異常によって小人化した現生人類で、太古に分岐した別個の人類ではないとにらんでいる。私自身は次のように推測する。この化石はまちがいなく原人のもので、ちょうどゾウが小型化したように、島にたどりつくと彼らも矮小化していった。そして、現生人類がこの島にやってくるとたちまち絶滅したのではないのか。今後の発見でなにが明らかになるか目を離せない。しかし、フローレス島の化石は、科学が急速に発展する時代に生きていることはいかに興奮に満ちているのか、それをまざまざと感じさせてくれる。

小さな変化、大きな躍進

大躍進を引き起こした要因は、これという正解がまだない考古学上の謎だ。不明とされる要因は骨の化石に残るようなものではない。それは私たちのＤＮＡのわずか〇・一パーセントに起きた変化だった。そして、これほどの結果を引き起こした、私たちの遺伝子上の変化とはいったいどのようなものだったのだろうか。

この疑問を考えてきたほかの科学者と同じく、私にも正しい答えはたったひとつしか思いつかない。言葉である。解剖学的あるいは身体的な変化によって、複雑な話し言葉を操ることが可能になったのである。こうした変化がどのようにして人間の発明の才能を急速に開花させられるのか、それを理解するには、類人猿がどのように言葉を使っているのかを見てみるといいだろう。

ゴリラやチンパンジー、サルでさえ、シンボリック・コミュニケーションをおこなう能力は備えている。こうしたコミュニケーションでは、図形や音声がなにか別の意味を表していて、たとえばリンゴの絵は「果物」を意味していたり、特別な鳴き声が「ヘビだ」という意味を帯びていたりする。第6章でも触れるように、類人猿は身ぶり言語、プラスチック板やコンピューターを使ったコミュニケーションを学んだ。個体によっては数百語におよぶ記号の〝語彙《ごい》〟をマスターしていた。野生のベルベットモンキー（ミドリザル）はうなり声の違いによるシンボリック・コミュニケーションを生来おこない、声のわずかな差によって、「ヒョウ」「タカ」「ヘビ」を表現している。シンボリック・コミュニケーションを操る能力があるなら、なぜ、これらの霊長類ははるかに込み入った独自の自然言語を発達させてこなかったのだろう。

その答えはどうやら、繊細な発声をコントロールしている喉頭《こうとう》（声帯がある）、舌、もろもろの筋肉の構造にあるようだ。人間が言葉を話す能力とは、たくさんの構成要素と筋肉が正しく機能しているおかげなのである。類人猿のように、限られた子音と母音しか出せなければ、人間の語彙はまったく限られたものになってしまう。つまり、人間を最終的に人間たらしめた不明の要素とは、人類の声道に生じたなんらかの変化――さらにきめ細かく音声をコントロールでき、もっと幅広い発声を可能にした変化だと考えられるのだ。筋肉や柔軟な組織に生じたきわめてささいな変化であるだけに、頭蓋骨の化石に現れることはなかった。

解剖学上のわずかな変化で話す能力が生み出され、それによって行動様式に対しても決定的な変化が促されたと考えるのは難しいことではない。「四本目の木で右に回り込み、雄のレイヨウを赤い大石のほうに追い込んでくれ。おれはそこで槍を構えて待っているから」。言葉があるから、こんなメッセージもわずか数秒で交わすことができる。言葉が存在しなければ、人類の二人の祖先は狩りの段取りや道具の作り方など、アイデアを話しあうことはできなかった。また、一人であろうと、言葉がなければ、いい道具はどうやって作ればいいのかと考えをめぐらすことさえ難しかったはずである。

もっとも、喉頭と舌の構造に突然変異が生じたから、たちまち大躍進が引き起こされたというわけではない。ふさわしい体の構造が備わっていても、私たちが知るような言語構造ができあがるまでには何千年という年月を重ねなくてはならなかったはずだ。しかし、不明の要因が、洗練された発声のコントロールを可能にした変化からなるものなら、発明の才能もこの変化に続いて最終的には現れてきたのだろう。人間が自由になれたのは話し言葉のおかげなのだ。

大躍進が起こるまでの何百万年ものあいだ、人類の文化はカタツムリにも似たペースで進歩してきた。遅々とした歩みは遺伝子の変化の速度に決定づけられていたのである。私たちの文化と行動様式に変化が生じるのは、突然変異による変化が起きた場合に限られていたのだ。

そして、大躍進が起きたあとでは、文化の発達はもう遺伝子の変化に捕らわれたものではなくなっていた。人類は新たな様式で思考し、これまでになかったものを発明し、互いに意思を交わすことができるようになっていた。自分とは異なる集団、また次なる世代にそのアイデアと知識をつなぐことも可能になったのである。過去六万年のあいだ、私たちの身体には変化らしい変化はほとんど生じていないが、それにもかかわらず、大躍進以降の人類の文化が遂げてきた変化は、数百万年のあいだに起きた変化をはるかにしのぐものだった。

人間の文化においては頻繁に一夫多妻がおこなわれてきた。1900 年ごろに撮影されたこの写真は、末日聖徒イエス・キリスト教会（モルモン教）の創設者ジョセフ・スミス・ジュニアの甥ジョセフ・F・スミスとその家族を写したもので、スミスの子どもたちの配偶者も交じっている。スミスには複数の妻がいたが、結局、こうした習わしもモルモン教会によって禁止されている。

第2部 奇妙なライフサイクル

私たちが言葉と芸術を発展させていくうえで、大きな脳と二足歩行はどうしても欠かすことはできなかったが、しかし、それだけでは十分ではなかった。人間らしい骨格を得ただけで、人間性が身につくと保証されてはいない。人間性を獲得するには、私たち自身のライフサイクルも劇的に変化していく必要があったのである。

どのような生物も、生物学者が口にする「ライフサイクル」を備えている。たとえば、一回の放卵や出産で生まれる子どもの数、母親や父親が子どもの世話をどれくらいおこなうのか、大人はどのような社会的関係を結ぶのか、雄と雌はどうやって相手を選ぶのか、そして、平均的なその寿命などなど、こうした特性によって生物のライフサイクルは形づくられている。

人間は自分の特性をごく当たり前のものとして受け入れているが、動物の標準からすれば、人間のライフサイクルはずいぶん奇妙なものにほかならない。いくつか例をあげてみよう。たいていの動物の場合、一度の出産で一匹以上の子どもを産み、ほとんどの動物の父親は自分の子どもに対して親らしい世話を焼かない。動物の場合、七〇年どころかほんの数年さえ生きるものはほとんどいないが、人間の寿命として七〇年は珍しいものではない。

こうした例外的な特徴のいくつかは、類人猿にも共通しているものだ。一度の出産で一匹の子どもを産み、その寿命は数十年におよぶなど、猫や犬、小鳥、金魚などとはずいぶん対照的だ。

しかし、そのほかの点で、人間は類人猿とはまったく類を異にしている。チンパンジーの子どもは母親が面倒をみるが、ヒトの場合、母親とともに父親も子育てに深くかかわっている。ヒトの子どもは長い期間にわたって食べ物や訓練、保護を必要としており、類人猿の母親に比べ、時間やエネルギーの点でははるかに大きな投資が求められている。ヒトの父親では、自分の子どもを死なせることなく成人させようと配偶者の子育てを助けるのが普通である。

ヒトのライフサイクルが野生の類人猿と異なるのはこれだけではない。ヒトの女性の場合、閉経後、つまりこれ以上子どもが産めなくなったあとも何十年と生きつづけるのは珍しいことではないが、ほかの哺乳類ではほとんど聞いたこともない現象だ。そして、ヒトは性行動の点でも例外的だ。類人猿は群れの仲間の前でも、はばかることなく公然と交尾をおこない、交尾は雌の妊娠が可能なときに限られる。一方、人間の場合、性行動はきわめてプライベートな営みであり、子どもをもうけることだけが目的とは限らない。

ヒトの社会と子どもの育て方は、いずれも第1部で見た骨格の変化と、私たちのライフサイクル上にうかがえるこれら顕著な特徴に基づいている。ライフサイクルに現れた変化は、骨格の変化のように化石として残るようなものではないが、ヒトのライフサイクルの特徴はなんらかの遺伝を基礎にしているのはわかっている。ヒトとチンパンジーで異なる一・六パーセントの遺伝子のうち、なんらかの機能をもつ遺伝子の相当な部分が、どうやら私たち人間のライフサイクルの形成に関係していると思われるのだ。

三つの側面に現れた私たち人間特有のライフサイクルについて、この第2部の三つの章で詳しく検討してみよう。ひとつ目の側面はヒトの社会構造と性行動について、二番目は人種の変異、つまり地球上の各地域に住むヒトの外見上の違いについてだ。そして、こうした外見上の違いは、ヒトがどうやって配偶者を選ぶのか、その選び方によって結果的に生じたことを論じてみたい。最後に、私たちが年老いて死を迎える謎について問い直してみよう。加齢はヒトのライフサイクルの一部だと私たちは当然のように受け入れている。もちろん、人間は誰もが年老い、最後には死を迎える。しかし、ここで問われているのは、なぜ私たちは年老いていかなくてはならないのかであり、いつになったら体を大幅に自己修復できるようになるのかという点だ。

本書で扱われているどの部分にもまして、第2部では「トレードオフ」（差し引き関係）の点から考えてみることが重要だ。動物の世界には、対価の支払いを免れ、万事いいことずくめですむようなものは存在しない。利益だけでなく、なにごとにおいてもコストがともない、相応の空間や時間やエネルギーをなにかに投じなくてはならない。進化生物学の枠組みにおいては、生物の成功はより多くの子どもを残すという点から計られる。第5章を読めばわかるように、成功というものをこの観点から見直すと、長生きするために、より多くのものを自己修復に投資することはむしろ割に合わないことがわかってくるだろう。閉経の謎についても、トレードオフの考えを踏まえれば説明がつけられる。つまり、出産に歯止めをかけることで、むしろ母親は一人でも多くの子どもを生き延びさせていけるのである。

第3章 ヒトの性行動

ヒトのライフサイクルには性行動や家族生活がともなっている。それだけに、このテーマの調査はかならずしも容易なことではない。問題のひとつがこれで、人間の性行動がかかわる分野では、科学的なアプローチにも限りがあるのだ。食生活や歯みがき習慣を調査するような感じで対照実験をおこなうわけにもいかない。さらにやっかいなのが、こうしたテーマにはあからさまに扱えない微妙な問題が含まれている。ヒトの性行動の研究について、科学者が真剣になって取り組むようになったのは最近であり、科学的な立場からこの問題を検討することにまだ手を焼いている。

家族関係にうかがえる親子の絆、あるいは夫婦のロマンチックで性的な関係など、多くの人たちは愛する者とのこうした関係に深い意味を認め、ごく個人的でひと目をはばかるものだと見なしている。それだけにこれらの関係をいわば顕微鏡のしたに置き、客観的な科学者の目で観察することは、冷血で無神経なふるまいにも見えなくはないのだ。なかには、自分の人生にかかわる人間との交流を、類人猿の子育て行動や鳥の求愛行動に比べられることに腹立たしさを覚える人もいるだろう。

この第3章と以下の章を読むうえで、とくに二つの点を心に留めておいてほしい。ひとつは、私たちが見ようとしているのは、進化生物学という特別な枠組みを通したヒトのライフサイクルであること。ヒトがそうした行動になぜおよぶのかについて、かならずしもすべてを説明できるものではない。これは、私たちが自分を理解するうえで、それを助けてくれる数多くの方法のほんのひとつでしかないのだ。二番目は、私たちが焦点を当てているのはヒトという種全体で、特定の人間についてではないという点である。法則という法則にはつねに数多くの例外が存在し、研究者が考える以上に、大勢の人たちの行動様式はそれぞれで大きく異なっている。関心は一般的な傾向に向けられているのであって、個人としての人間ではない。

取り組むのはヒトの性行動の研究にもかかわらず、まず、ヒトの性行動が、道具の使用や大きな脳、子育てなどのヒトの特性とどれほど密接に関連しているのかという点について理解していくことから始めよう。単なる大型哺乳類の一種にすぎなかった私たちが、ヒトというユニークな存在に変わっていくときには、骨格や頭蓋骨の変化にとどまらず、家族生活や性生活の変化もまた深くかかわっていたのである。

食性と家族生活

ヒトの性行動がどうやって現在のようなものになったのかを知るには、まず、私たちの食性と社会の進化について理解しておく必要があるだろう。菜食主義者《ベジタリアン》だった類人猿の祖先から分かれてから過去数百万年のあいだ、ヒトは植物性の食物と同時に肉も口にしてきた。ただ、ヒトの歯や爪は類人猿と同じものにとどまり、トラのような歯や爪にはならなかった。そのかわり、人間は大きな脳にたよることで狩りを成功に導いてきた。道具を使い、集団としてまとまることで、祖先たちは狩りが可能になり、食べ物は互いに分けあうことが繰り返されてきたのである。また、植物の根や果実を集める際にも道具が使われていたので、やはり大きな脳は欠かすことができなかった。

ヒトの子どもの場合、狩猟採集民として独り立ちするには、何年もかけて必要な情報や経験を学ばなくてはならなかった。現代でも、農業を営んだり、コンピューター・プログラマーになろうとしたりするのであれば、何年もかけていろいろなことを学ぶのとまったく変わらない。離乳(母親の母乳を飲むのをやめて、食べ物を口にしはじめる)を終えたあとも、ヒトの子どもはまったくなにも知らない無力な存在で、自分自身の面倒をみることさえできない。食事も親がもってくる食べ物にたよっている。だが、私たちにはごく自然に思えても、これは霊長類の世界では例外的で、類人猿の子どもは離乳と同時に自分のエサは一人で集めるようになる。

食べ物を集めることに関してヒトの子どもはまったく無力だが、それには理由が二つある。ひとつは、身体の機能的な問題だ。食べ物を集めるために必要な道具を作ったり、使いこなせるようになるには手先の器用さが欠かせず、そうなるにしても何年もの時間がかかるからである。私の息子は四歳まで一人で靴ひもを結べなかったが、それとまったく同じように、四歳の狩猟採集民には、石斧の刃を研いだり、漁に必要な丸木舟をくり抜いたりするなどできない相談である。

二つ目の理由は知的な面に関連している。食べ物を探す場合、ヒトはほかのどのような動物にもまして頭脳にたよっているが、それは人間がどの動物よりもはるかに多彩なものを口にして、食べ物の獲得の点においても、より複雑な方法を使っているからにほかならない。私がいっしょに働いたニューギニアの人たちは、自分の周囲に存在する約一〇〇〇種もの動植物のそれぞれに名前をつけているのが普通だった。いずれの動植物についても、どこにいけば見つかり、それが食べられるのかどうか、あるいは別の用途があるのか、その捕獲法、採集法をめぐるなにがしかのことに通じていた。

また、離乳したヒトの子どもは、ただ食べ物を運んでもらうためだけに大人を必要としているわけではない。一〇年、二〇年と時間をかけ、いろいろなことを学ぶためにも大人は欠かせない。人間にうかがえる数多くの特徴がそうであるように、この必要性は動物でも変わらない。たとえば、ライオンの子どもは狩りの方法を親から教えてもらわなくてはならず、チンパンジーもまたヒトと同じように食性は幅広く、エサを得るためにいろいろな方法を使っている。チンパンジーの親も子どもがエサを探すのを手伝っているのだ。ボノボはそうではないが、コモンチンパンジーは道具もいくつか利用している。しかし、ヒトの場合、生きていくために必要な技術と、それを教える親の負担の大きさはライオンやチンパンジーの比ではない。

親に負わされた負担は大きく、そのため、子どもが生き残っていくには、母親だけではなく父親の世話が欠かせないものになった。オランウータンの父親は自分の子どもになにも提供しないが、ゴリラ、チンパンジー、テナガザルはもう少し世話を焼くとともに、なんらかの保護を提供している。狩猟採集民のヒトの父親の場合、さらにこれ以上の世話を焼き、食べ物をもってきてやったり、たくさんのことを子どもに教える。ヒトの食物獲得の方法は複雑で、実行するには社会的な組織が欠かせず、そうした組織では、ヒトの男性は一人の女性と長期にわたる関係を続けていけるので、男性も二人の子どもの世話を手助けすることができるのだ。そうでなくては、子どもが生存する可能性は損なわれ、父親も自分の遺伝子を残すことが難しくなるおそれがある。

ヒトの要求を満たした社会システム

オランウータンのように、交配を終えると父親がただちに去っていくシステムは、ヒトにおいては役に立たない。チンパンジーのシステムでは、雌は排卵期を迎えて受胎の用意が整うと、短期間のうちに何頭もの雄と交尾する。その結果、チンパンジーの雄には、自分が群れのどの子どもの父親なのかわからない。もっともチンパンジーの父親にとって、これは大した問題ではないだろう。なぜなら、チンパンジーの雄は、群れの子どもにとって大した役には立っていないからである。しかし、ヒトの父親の場合、自分の子どもの世話にかなりの時間とエネルギーを費やしている。進化という点からすると、子どもは自分の子であるというある種の確信をもてたほうがいいわけで、そうでなければ、子どもに向けられた世話は、ほかの男の遺伝子を伝えるのを助けるだけになってしまう。

テナガザルのように、人間も広い地域にカップルが孤立した状態で散らばって住んでいるのであれば、雌は交配したつれあい以外の雄にはほとんど出会うこともないので、雄も自分の父性に自信を抱いていられる。しかし、ヒトの集団という集団のほとんどが大人のグループから成り立ってきた。狩猟採集をヒトがおこなうには、男性の仲間、女性の仲間、あるいは男女の両方がグループとなって協力しあうことが必要とされる場合が少なくなかった。そして、グループにまとまることで、捕食動物や襲撃者、とりわけほかの集団による攻撃から身を守ることができたのである。

父性に対する自信とグループで生活するための両方の必要性を満たすため、ヒトは社会的なシステムを発展させてきた。そのシステムは私たちには当たり前に見えても、類人猿の基準からすればやはりユニークだ。大人のオランウータンは一頭で暮らしているし、テナガザルは雄雌がペアを作ってほかのペアとは距離をおいて暮らす。ゴリラはゴリラで、雄のボスは数頭の雌からなるハーレムを通常作っている。コモンチンパンジーは、雄のグループに血縁を離れた雌たちが加わって群れを作り、この群れのなかでチンパンジーは一頭以上の相手と交尾をする。ボノボは、雌雄からなる社会を作り、その社会はコモンチンパンジーよりももっと見さかいがなく、個々のボノボは複数の異性と交尾をおこなっている。

ヒトの社会はこうした霊長類のいずれの社会とも似ていない。食性がそうであるように、社会システムの点でもむしろライオンやオオカミの社会によく似ていて、大人の男女が大勢いる集団を作って暮らしている。ただ、ライオンの場合、群れの雄はどの雌とも交尾が可能で、事実そうやって交尾しているため、生まれた子どもの父親がどのライオンかはわからない。ヒトの場合、男女それぞれで互いにペアを組んでいる。動物の世界において、人間のこうした社会システムにもっとも近いのが海鳥の巨大なコロニーであり、たとえばカモメやペンギンなども雄と雌とでペアを組んでいるのだ。

現代の法治国家では、男女の法的な結びつきは、なにはともあれ公式には一夫一妻（それぞれの個人は一人の相手とだけ結ばれる）である。狩猟採集民の集団においては、大半の男性がひとつの家庭しか維持できなかったので、過去一〇〇万年、ヒトがどんな生活を営んできたのかというモデルとしては一夫一妻のほうがふさわしかった。しかし、実際には力のある少数の男性は複数の妻をもっていた。限られた支配者によって維持されていた大きなハーレムが登場したのは、農耕が始まり、中央集権的な統治国家が出現してからのことで、人民に課した税金でハーレム生まれの王室の赤ん坊を養えるようになったのだ。

なぜ男性は女性より体が大きいのか

同年齢の男女では、平均すると男性のほうが女性よりもわずかに体は大きい。人それぞれで例外も少なくないが、全体的に見れば、男性の場合、体重で二〇パーセント前後、身長も八パーセントぐらい女性をうわまわっている。どうして、このような差が存在するのだろう。その答えは私たちの社会的な構造や性的な仕組みのうちにひそんでいる。

狩猟採集民の社会システムでは、男性のほとんどは一人の妻をもつのが普通だが、少数の男性に関しては数名の女性を妻にしている。そのため、狩猟採集民は「少しばかりの一夫多妻」と呼ぶことができるだろう（一夫多妻とは複数の妻をもつこと）。農業が始まる前、人間は何万年ものあいだを狩猟採集民として過ごしてきたことを踏まえれば、男性がどうして女性よりも大きな体をもっているのかという謎を解明してくれる。

一夫多妻の哺乳動物では、雄と雌のあいだにうかがえる体の大きさの平均的な違いは、一頭の雄（雄はこの雄たった一頭）と交尾する雌の数に関係している。一頭の雄が率いるハーレムの雌の数が多ければ多いほど、雄雌の体格の差は違ってくるのだ。最大規模のハーレムなら、動物の場合、雌をはるかにうわまわる大きさの雄がいる。次の三種の動物の例を見れば、それがどう働きかけているのかがよくわかるだろう。

テナガザルは一夫一妻。雄と雌それぞれの個体が連れ添うのはたった一頭。テナガザルの雄はハーレムをもたないので、両性で体の大きさに違いはない。雄と雌は同じ大きさだ。これに比べると、雄のゴリラの場合、三～六頭の雌からなるハーレムを作るのが普通である。それはゴリラの体の大きさにも現れていて、雄は雌の約二倍の体重をもつ。ミナミゾウアザラシの場合、平均

南極のキングジョージ島に生息するゾウアザラシのハーレム。自分より体の小さな雌に取りかこまれた雄が、うららかさとはほど遠い海岸で日を浴びている。

的なハーレムでは四八頭の雌がいる。これだけの規模のハーレムだ。雄雌のサイズの違いはさぞかし大きなものだと思うだろうし、実際、それはまちがっていない。体重三トンの雄の前では、約三二〇キロの雌もかすんでしまうほどである。

つまり、一夫一妻の動物においては、どの雄も一頭の雌を獲得する機会があるのに対し、ゾウアザラシのような一夫多妻が当たり前の種で、雄の多くが一頭の雌さえ獲得できないのは、少数の有力な雄が、雌という雌を自分のハーレムに囲い込んでしまうからなのだ。ハーレムの規模が大きくなるほど、雄が互いに繰り広げる争いは熾烈になる。争いにおいては一般に体が大きなほど有利なので、雄にとっては体の大きさが重要になってくる。

私たちヒトの場合、男性の体はわずかに女性をうわまわり、少しばかりの一夫多妻の形態をとっているので、やはりこのパターンに一致しているだろう。もっとも、人類進化のある時期、男性の体の大きさより、頭のよさや人柄のほうに重きが置かれるようになった。体が大きな男性が、小柄な人よりも妻の数が多いという傾向はうかがえない。

人間の風変わりな性行動

人間以外の哺乳類の基準からすると、ヒトの性行動は本当に奇妙だ。ひとつには、ほとんどの哺乳類の場合は、大半の期間は性的にとくに活動しないまま過ごしているからである。動物が交尾、つまり性行動にかかわるのは、雌が発情期を迎えているときに限られている。雌が発情しているとは、排卵という生物学的周期の過程を雌が迎えていることであり、その卵巣は排卵の準備を進めている。雌はこの時期に限って受精が可能となり、子どもをみごもることができるのだ。

種によって雌が発情期を迎える期間は異なり、数週間おきの動物もいれば、一年のうちに数回というものもいる。ある種の動物に限っては、一年のうちにたった一度という例もある。この時期を迎えるまで、雌は決して雄とは交尾しないが、排卵を迎えると、その事実を雄に宣伝するために行動で示し、時には見た目にも変化が生じてくる場合もある。

ヒトの性周期は、動物とまったく違っている。ほかの動物のように発情期の期間は短く限られておらず、性的に成熟した女性の場合、男性と同じように、自分の判断にしたがっていつでも性行動を受け入れることが選択できる。ヒトの女性の排卵は月に一回。しかし、ほかの霊長類の雌と違うのは、ヒトの女性の場合、様子や行動を変化させることによって、受精が可能な時期を迎えていることをわざわざ男性に触れまわるような真似はしない。それどころか、ヒトの排卵は、男性ばかりか、当の女性からも実に巧妙に隠蔽され、医者でさえ妊娠のタイミングを正確に理解しはじめたのは、ようやく一九三〇年代になってからのことだった。

巧妙に隠された排卵、これに月のうち妊娠可能な時期に限らず、女性が望んだときに性行動ができるという事実が重なり、ヒトの性行動の大半は、妊娠が不可能な時期におこなわれていることになる。ヒトの性行動が生物学的にどんな働きをおもに担っているにせよ、それは子どもを産むためではない。妊娠とは無関係に性行動をおこなう種など、ヒトをおいてほかには存在しないのである。

動物にとって交尾は、とても危険に満ちた贅沢だ。エネルギーは費やされ、食べ物を集める機会にもみすみす目をつぶらなくてはならない。自分を狙っている捕食者の攻撃は受けやすいし、なわばりを乗っ取ろうとしているライバルもいる。そのため、交尾にかかる時間は、受精に必要とされる最小限にとどまる。

ヒトの性行動を受精の手段だと考えた場合、進化の点では大いなる失敗だ。性交を果たせば果たしたで、たっぷりの時間とエネルギーを消費しているからである。というのもヒトの場合、受精が無理なとき、あるいは可能性にとぼしいときであっても、しばしば性行動をおこなっていることが少なくないのだ。もし人間が、ほかの哺乳類（ヒトの近縁である霊長類も含めて）のように発情サイクルを維持することができていたなら、狩猟採集民だった私たちの先祖たちはこうして費やされた時間を利用して、マストドンを一頭でも多くしとめたり、あるいは一個でも多くの果実を集めたりすることができたのかもしれない。

人間の性行動の進化をめぐり、もっとも激しく交わされている議論は、なぜ私たちは排卵を隠すようになったのかであり、こうした排卵の時期を逸した性交渉にどんな利点があるのかという疑問だった。セックスは楽しいが、それは進化によってそうなったからである。もしも、こうした性行動を通じ、なんらかの進化的な利益が得られないのであれば、セックスに楽しみを覚えない突然変異体のヒトが出現でもしたら、私たちのこの世界は乗っ取られてしまうかもしれない。

隠された排卵の疑問に深く関連しているのが、人はなぜ性交を他人の目から隠すのかという疑問だ。一夫一妻にせよ、あるいは複数の雌をもつにしろ、集団で生活をする動物という動物は、グループの仲間がいるその目の前で交尾をしている。ヒトの場合、セックスはどうしても人目から隠すというユニークな好みをもっているが、それはいったいどうしてなのだろう。

ヒトに見られる隠された排卵と性交の起源を解き明かす理論について、生物学者はいまもさかんに議論を交わしている。進化の観点からすれば、遠い昔、なんらかの要因もしくは複数の要因が結びつき、性交や排卵を隠したいという特性をヒトにもたらす進化が引き起こされたのだろう。これらの要因がすでに作用していなければ、こうした特性も今日では消えていたかもしれない。また、現在見られるような排卵や性交の隠蔽に関する要因は、そもそも最初にこの特性を引き起こした要因とかならずしも同じである必要はないはずだ。しかし、ヒトの奇妙な性生活のそもそもの起源を解き明かすものとして、生物学者は三つの説を唱えており、私には現在でも十分有効のように思える。

その説明とは次のようなものである。

・隠された排卵と性交は、男性間の攻撃性を抑制して、協力を引き出すために進化した。
・隠された排卵と性交によって、特定のカップルの絆が強まり、ヒトの家族の基礎ができていった。

・女性は排卵を隠すことで、パートナーと男性を永続的に結びつけ、パートナーが産んだ子どもの父親が自分であると確信させるようにしむけた。

これらの説明のすべてに、ヒトの社会組織のかなめとなる特徴が反映している。自分たちの子ども(つまり二人の遺伝子)が生き延びることを望む男性と女性は、長い期間にわたり、力を合わせて二人の子どもを育てていかなければならない。同時に、二人は近くに住んでいる別の夫婦とも経済的に協力をしていく必要がある。そのとき、夫婦間につねに性的な関係が結ばれることで、二人には友人や近隣の住人との関係にまさる密接な絆が深まっていく。夫婦に結ばれたこうした密接な絆は、社会的な関係を固めるセメントのようなもので、単なる受精のための仕組みではないのだ。私たちのセックスが人目を避けて営まれることによって、同じ集団のなかにあっても、性行動をともにする相手と、そうでない相手とのあいだにはっきりとした一線を引くことができるのである。

浮気の科学

ヒトが配偶者を選ぶシステムは、子どもをともに育て、永続する絆を結ぶ男性と女性の二人に基礎が置かれている。霊長類としてもう一種、一夫一妻の絆を維持しているのがテナガザルだ。しかし、その配偶者システムは人間とは異なっている。テナガザルの夫婦は仲間とは別に単独で生活を送り、集団や社会のなかでは生きていないからである。夫婦の絆を結んだテナガザルは、その相手以外のテナガザルと交尾することはない。

人間の場合、夫婦は社会的な集団のなかで生活をしていて集団から孤立はしていない。そして、配偶者以外の人間との性交渉をもつ場合も少なくはない。結婚をしている者が配偶者以外の相手と性交渉をもつのが浮気で、婚外セックス（EMS）と呼ばれ、〝正常〟なパターンである夫婦間の性交渉からすれば例外的な存在である。

浮気は、悲痛な出来事で生活をだいなしにするような問題だ。それにもかかわらず、ヒトはなぜそんな行為に走るのだろう。そして、ほかの行動様式のように、浮気もまた進化の点から検討してみることが可能だ。進化生物学の考えに基づいて、動物全体に通じるパターンを見たときのことを思い返してほしい。進化もまた人間を行動へと駆り立てる力のひとつにすぎなかった。

進化における競合という点で生命を考えれば、自分の子どもを一番多く残したものが勝者だ。この争いに勝つために、種が異なれば用いられる戦略もまた異なる。あくまでも一夫一妻であろうとする動物がいれば、その一方で乱婚（一匹がそれぞれ多数の相手と交尾する）をきわめている動物、さらに例外をもった一夫一妻といったぐあいに、混合的な戦略にしたがっている種も存在している。

ある種にとって、雄には最善の戦略であっても、同じようにそれが雌にとって最善の戦略ではない場合がある。ヒトの場合にもこれが当てはまる。ヒトの男性にとって、子どもを作るために最小限必要な努力は性交で、求められているのはわずかな時間とエネルギーの消費だけである。一方、女性のほうは、性交に加えて九カ月の妊娠期間、そして人類の歴史の大半の時代におこなわれてきたように、数年間におよぶ授乳期間が最低でも必要とされている。時間とエネルギーの点では大きな投資だ。つまり、生涯にわたって子どもを作り出す能力という点では、潜在的に男性のほうが女性よりもはるかにまさっている。生涯のうちに何人の子どもを残したのかという記録では、男性ではモロッコの専制君主ムーレイ・イスマーイールの八八八名。女性が残した記録は六九人である。十九世紀のロシアに生まれた女性で、三つ子を繰り返し産み落とした。女性の場合、二〇人以上の子どもを出産する例はめったにないが、一夫多妻の社会では、そうした男性は少なくない。

こうした生物学的な違いが意味するのは、婚外セックスを繰り返すことで、男性は女性よりも多くの利益を潜在的に得ることができるという点だ。もっとも、残した子どもの数が成功を計る唯一の基準であるとすればの話である。しかし、このことは、男性が婚外セックスを求めるひとつの理由にはなりそうだ。女性の場合はどうしてこうした行動におよぶのだろう。世界の各地で調査した結果、女性が婚外セックスを求める理由には、結婚した相手に対する不満や、永続的な新たな関係を見つけたいと願っているという理由が少なくなかった。

とはいえ、だからといって婚外セックスが〝きわめて自然〟であり、それを受け入れなくてはならないのだろうか。ある行動様式を理解したり、解き明かしたりすることは、その行動を擁護したり、認めたりすることを意味しない。人類の全行動の目的が、進化の勢いに駆られてのものだと要約することはできない。私たち人間はほかの目的も選びとることができるのだ。自分の配偶者以外、別の異性にとりたてて関心を向けようとしない人は大勢いる。たとえば、配偶者に忠誠であろうという約束を重んじる人、宗教や道徳的な信念に重きを置く人、配偶者以外の相手より、家族を守ろうという思いが深い人など、べつの人たちにとってはこれらもまた目的なのだ。私たち人間という種においては、成功と幸福の度合いは、残した子どもの数だけで計ることはできない。小さな家族や子どもはもたない生き方を選ぶことで、実りの多い、幸せな毎日を送っている大勢の人がいる事実を考えてみるといいだろう。あるいは、これまでの男性、女性の性的役割を超え、性同一性という自己認識から、同性の相手と絆を結んだ人たちも大勢いることに思いをめぐらせてもいい。

◉一夫一妻の鳥は浮気をしないのか

動物の世界でヒトにもっともよく似た配偶者システムは、巣を作りながらコロニーで住んでいるある種の鳥類に見ることができるだろう。たとえば、サギやカモメは一見すると、雄と雌が一夫一妻となり、ぎっしりと仲間が住むコロニーで卵を産んでヒナを育てている。子育てを成功させるには二羽の親鳥の存在がどうしても欠かせない。親鳥一羽では子育てができないのは、エサを探しに親が巣を離れているあいだに、見張りのいない巣が壊されてしまうかもしれないからだ。また、雄は同時に二つの巣にエサをもって帰り、巣を守ることもできない。

テキサス州でおこなわれたオオアオサギとダイサギの研究では、観察者は、雌がエサを探して留守にしているあいだ、残って巣を守る雄の様子を見守っていた。二羽が交尾してから一日から二日、雄は巣を通りかかる別の雌に向かってしきりに求愛をしかけるが、交尾することはなかった。この求愛行動はある種の「保険」のような役割を果たしているらしく、雄は交尾した雌に逃げられた場合（こうした例は二〇パーセントの割合で発生）に備え、予備の相手を確保するためにおこなっているようなのだ。〝通りすがり〟の雌は、雄を探している独身の雌である。その雄にすでにつがいの相手がいることは、当の雌が巣に戻ってきて、自分が追い出されるまで知りようがない。雄のほうは自分が捨てられないという確実な自信をようやく得られるので、通りがかりの雌への求愛もこれで終わる。

セグロカモメは別の戦略にしたがっている。ミシガン湖で観察された例では、つがいになった三五パーセントの雄が婚外セックス（ＥＭＳ）をおこなっていた。しかし、つがいの雌のほうは、つがい以外の雄の求愛を拒み、雄が留守にしているときも周囲の雄に誘いかけることもなかった。つまり、雄の〝浮気〟は、まだつがいになっていない雌に向けられていたのだ。こうした雄は同時に〝甲斐性のある稼ぎ手〟で、つがいの相手にはせっせとエサを運んでくれる。

以上のような鳥類の研究から、いわゆる〝一夫一妻〟とされてきた鳥が、かならずしもそう

オオアオサギ（*Ardea herodias*）とその巣。

ではないことが明らかにされた。ある種の鳥においては、浮気性の雄はつがいの雌には貞節を守らせながらも、その一方で自分はほかの雌に自分の子どもを産ませようとしていた。

目的の選択

私たちは、進化で身につけた特質やまして遺伝子で記号化されたような特質の単なる奴隷ではない。敵対する部族からの花嫁強奪、あるいは子殺しといった古代の蛮行など、現代文明はそれらを克服することにかなり成功してきた。人間の社会的行動や性行動がなにを起源にしているのか、これらを理解することに関し、進化の立場から検討を加えてみることにも意義はあるが、だからといって、今日の私たちの行動様式を理解するうえではそれが唯一のものの見方ではない。

文化はひとたび根づくと、それは新たな目標を求めていく。性をめぐる忠誠や乱婚などに関する疑問は、進化的遺産によるものだと単純に決めつけられるようなものではないのだ。それは倫理をめぐる疑問であり、行動の善悪に関して私たちがどう向きあい、なにを信じているのかという問題にもかかわっている。ほかの動物と同じように、できるだけ多くの子どもを残す競争に勝利しようと人間も進化を重ねてきた。だが、同時に人間は、倫理的な目的を求めつづけていくことを選び、その選択によって、自分たちの行動を別の道へと向かわせることも可能となったのである。目的を選択できることこそ、私たち人間と動物を分かつ、もっとも大きな違いのひとつにほかならないのである。

どうやって配偶者を見つけるのか

ヒトの性行動にかかわる問題について、最後に残ったパズルの一片がヒトはどうやって引かれあうのかという不思議だ。別の誰かではなく、これからパートナーになるまさにその相手になぜ私たちは引き寄せられていくのだろう。そして、私たちはどうやって自分の配偶者を選んでいるのだろうか。

心理学者は、大勢の夫婦を相手におよそ思いつくすべての要素を計測して、どのような人がどんな人と結婚したのか、その理由を調べ上げようと取り組んできた。はたして、大半の夫や妻は、民族（人種や民族を超えた結婚が最近では増えているが）、宗教、政治的見解を共有していることが明らかになった。さらに知能の点や、たとえば几帳面さなどの個人的な性格についても、夫婦はお互いにかなりの程度で一致する傾向がうかがえたのである。

外観についてはどうだろう。たくさんの夫婦を調べると、思いもしない発見に気がつく。例外も本当に多いが、平均すると夫婦のあいだでは、ごくわずかではあるが、統計的には十分有意と認められるほど、肉体的にもほぼいずれの点でも互いに似ていたのだ。これは、人の特徴を描くとき、最初に思い浮かべる身長や体重、目の色、髪の色、皮膚の色という、見た目にも明らかな身体的特徴についても言えるだろう。それだけではない。すぐに思いつくものではないが、やはり同様な特徴がいくつもある。たとえば、鼻の幅、耳たぶの長さや中指の長さ、目と目のあいだの距離や手首の太さ、肺活量などというのもある。ポーランドに住むポーランド人、ミシガンのアメリカ人、チャドに住むアフリカ人など、遠く離れて住む人たちを対象にした調査を通じてこうしたことが確かめられている。いずれのケースでも、夫婦はうりふたつというわけではないが、ほかの人と任意にペアとなった場合よりも多くの点で似ていた。

「相反するものは互いに引きあう」という古いことわざにもかかわらず、平均すると人は自分と似ていない人よりも、似ているタイプと結婚する傾向がうかがえる。こうした傾向をもたらす理由のひとつが、人は似通った者同士で集まって過ごす時間のほうが長いからである。大勢の人たちが、民族や宗教、社会的や経済的にも似たような地位の人たちが近所にいる場所に住みついている。教会で会うのは同じ宗教を信じる人たちだ。家族ぐるみのつきあいでは、相手の家族も興味の対象や政治的な意見、社会的、経済的な地位の点ではよく似通っている。

このような交流を通して、自分に似た人と出会い、恋愛にいたる機会も増えていく。とはいえ、私たちは耳たぶの長い人が集団で住む場所で暮らしているわけではないので、耳たぶが長い人同士が夫婦になるには、なにか別の理由があるにちがいない。その答えは、容姿に現れている肉体的な魅力にひそんでいる。身長や髪の色といった見た目にも明らかな特徴に加え、耳たぶの長さや目と目の間隔といったあまりはっきりとしていない特徴のすべてがひとつになり、自分が理想とする人のイメージ、つまりサーチイメージができあがっている。おそらく、自分がそんなイメージをもっているとは誰もとくに意識したことはないはずだ。しかし、はじめての人に出会ったとき、「彼はわたしのタイプ」とか「彼女はちょっと」などと感じるのは、このサーチイメージの働きによるものなのだ。

どことなく自分に似ているように見える相手に人が引かれるのは、実はサーチイメージは、自分と遺伝子の半分を共有している人たちのイメージに基づいているからである。つまり、それは両親であり、兄弟姉妹にほかならない。将来のパートナーのサーチイメージ作りは、人が誕生してから六歳というきわめて早い時期から始まっている。そして、そのイメージは自分が一番よく顔を合わせている異性の影響を強く受けている。私たちの多くにとって、それは母親か父親、兄弟や姉妹、あるいは仲のいい幼なじみというわけなのだ。

理想とするパートナーについて、私たちは早い時期からサーチイメージを作り上げるように進化してきた。しかし、配偶者の選択について、肉体的な特徴よりも、個性や知性、宗教といった要因がさらに強い影響を与えていると、研究者はこれまで何度となく指摘してきた。私たちの社会生活や性生活の面でそうだったように、ロマンチックな間柄になる可能性を秘めた相手に引かれていく感情、そして最終的に配偶者として誰を選ぶのか、そうした点に関して、進化的な遺産が駆り立てているのはごく一部分でしかない。選ぶ相手が異性であろうと同性であろうとそれは同じだ。決定づけているのは、私たち自身の経験であり、価値観そして目的なのである。

第4章 人種の起源

三名の人物を紹介されたとしよう。ナイジェリア、日本、スウェーデンなどの国からそれぞれ一名ずつ。どの人がどの国の出身かは、おそらくひと目でわかるはずだ。相手の肌の色、目の色と形、髪の色とその質感、それから全体的な体の大きさと体型などの違いが目にとまる。こうした違いからわかるのは、出身となる大陸の違いだ。ナイジェリア人はアフリカ、日本人はアジア、スウェーデン人はヨーロッパ。訓練を経た人類学者なら、さらに絞り込んで、それぞれの国のどの地域からきたのかを特定することもできるだろう。

人間の容貌は地理によって異なり、地理によって人種ごとの変化を生み出している。わけのわからない植物や動物について、科学者は高度で専門的などんな疑問についても答えてきた。それなら、私たち人間に関するもっとも明らかな疑問のひとつについても、その答えはすでに解明されていると思われるかもしれない。その疑問とは、「どうして地域が異なれば、人の外見も違ってくるのか」というものだ。集団によって人間がどうやって外見上の違いを示すようになったのか、それに関して理解していなければ、人間はどのようにしてほかの動物と違うものになったのかという理解も不完全なものになってしまう。

しかし、人種というテーマは扱いがなかなか難しい。イギリスの科学者チャールズ・ダーウィンは、一八五九年に刊行した『種の起源』のなかで、このテーマについて触れるのを避けていた。『種の起源』は現代生物学の基礎をなす考えをはじめて世の中に紹介した本である。今日においてさえ、人種の起源に関する研究を進んでやろうとする研究者がほとんどいないのは、このテーマに興味を示したというだけで、人種差別主義者だと後ろ指を指されてしまうのをおそれているからである。

そして、人種の多様性の意味について理解をはばむもうひとつ別の理由が存在している。それはこの問題が予想した以上に難問であるからだ。ダーウィンの説は、人種の起源は性をめぐる選択、つまり、人間がどのような配偶者を選んだのかを起源とするものだった。この理論は現在でも論争が続いている。現代の生物学者は、人種の起源は別の過程、つまり自然淘汰と呼ばれる過程を経てきたと普通は唱えている。しかし、人種の多様性として一例をあげるなら、たとえば熱帯地方では、自然淘汰によってなぜ皮膚の色が黒くなるのか、それについては生物学者のあいだでさえ意見は一致していない。

第4章では、人種の多様性をもたらしたと考えられている二つの力、すなわち自然淘汰と性淘汰について考えてみることにしよう。自然淘汰は二義的な役割を果たしているだけで、人種の多様性をもっぱら形づくったのは性淘汰であると私が考えていることがわかってもらえると思う。

目に見える違い

種の多様性は人間に限られたものではない。ゴリラやコモンチンパンジーも含め、広い地域に分布している動物や植物のほとんどが、同じように地理的な変異を示している。つまり、同じ種の生き物でも、住んでいる地域が異なっていれば、見た目にもはっきりと認められる違いが現れているのだ。

異なる地域に生息し、見た目にも違いが認められる動物の集団について、それが同じ種に属しているのか、それとも別の種なのか、どうやってその違いを判断できるのだろう。自然の状態で両者が出会ったとき、両者が別の種であれば交配は起こらない。逆に交配が可能なら、同じ種に属する動物ということになる。しかし、見た目の違いから、同一の種に属しながらも異種（いわゆる亜種）として分類することができる。たとえば、ゴリラというゴリラは同一の種に属しているが、種の三つの変異種、つまりマウンテンゴリラ、ヒガシローランドゴリラ、ニシローランドゴリラの亜種に分かれている。体の大きさなどの見た目の違いによって分類されているのだ。

近縁種の場合、飼育下の状態では、トラとライオンなどのようにときどき交配することもある。だが、自然のままに置かれた状態であれば、種として交配することはない。これとは対照的に、人間という人間は同一の種に属している。だから、どのような人種であろうと、二つの人間集団が出会った場合、そこではいつも交配が起きていた。

人種の変異は、過去数千年、おそらくそれよりもさらに古い時代から人類に現れていたはずだ。紀元前四五〇年ごろ、ギリシャの歴史家ヘロドトスは、アフリカの黒い肌をしたエチオピア人、ロシアからきた赤毛に青い目をした部族について書きとめていた。古代に描かれた壁画、エジプトやペルーのミイラ、ヨーロッパの泥炭に埋もれていた遺骸などから、当時、すでに現在と同じように、髪の毛や顔立ちの点で人びとは違いを示していた。化石を調べると、少なくとも一万年前までには、世界各地で発掘される人の頭蓋骨の形は一様ではなく、その形は、今日、人類学者が現在の人間の頭蓋骨に認めるのと同様な人種的な変異を生じていたのだ。

肌の色は自然淘汰の結果なのか

では、今度は質問を変えてみて、外見上の人種の地理的な変異がどうやって起きたのかを考えてみよう。こうした変異は自然淘汰の結果ではないかと主張する説がある。自然淘汰とは、進化を促す仕組みであり、生物が古いものから新しいものへと進化しながら、時間をかけてその形態に起こる変化のパターンだ。自然淘汰が意味するのは、植物や動物が生き残っていくうえで助けとなる遺伝的特徴を、その子どもにも伝えていくことにほかならない。

遺伝子に突然変異が起こると、生物にはそれまでにない特徴が新たに現れてきたり、あるいはそれまであった特徴が変化を引き起こしたりする。遺伝子に起こる変化は当の動植物の助けにもなれば、逆にそれぞれの生き物に対して危害を加えるだけか、あるいはまったくなんの変化も与えない場合もある。しかし、変異がその生き物にとって役に立つものだとしたらどうだろう。たとえば、突然変異の結果、ある鳥のくちばしがほんのわずかだが長くなったとする。この鳥は樹皮のあいだから、それまでより多くの昆虫をついばむことができるようになる。つまり、同種のそうでない鳥よりもより長く生きられる可能性が高まり、もっと多くの子どもをもつことができるようになる。そして、この鳥の子どもたちが、突然変異で得た特徴とともに、その遺伝的プログラムを継承していく。こうして突然変異がもたらした変化は、生存していくうえで優位なものとなり、この形質は子どもたちの子どもを通じてさらに広範に行き渡っていく。やがてこの変異は集団のなかで確立されて、新たな亜種を生み出したり、あるいはまるまるひとつの新種さえ形成されたりする場合もあるのだ。

種のあいだに見られる差異の多くは自然淘汰によるものだ。ライオンの手にはかぎ爪が生えているが、私たち人間はものを握る指をもっている。また、自然淘汰によって、同じ種内の変異や地理的な変異についても説明がつけられる。たとえば、ホッキョクイタチは冬の雪で一面がおおわれる地域に住んでいる。夏期には茶色の毛は、冬期は白く生えかわる一方で、ずっと南の地域に生息しているイタチは一年を通して茶色だ。イタチの生存はこの違いで高まる。真っ白なイタチは、茶色の地面が背景では否応なしに目立ってすぐにさとられてしまうが、雪を背景にカモフラージュできれば、狙っている獲物の目をくらますことができるのだ。

ヒトの地理的変異のいくつかも、自然淘汰でまちがいなく説明がつけられる。たとえば、アフリカ人の多くは鎌状赤血球の遺伝子をもっているが、スウェーデン人にこの遺伝子は見受けられない。鎌状赤血球の遺伝子にはマラリアを防ぐ働きがあり、そのマラリアはアフリカで起こる熱帯病で、スウェーデンでは発生することはない。このほか、局地的に見られるヒトの特徴なども自然淘汰によって進化してきたはずだ。南アメリカのアンデス山脈に住むインディオの大きな肺活量（高地の薄い大気から酸素をとりこむには都合がいい）、ずんぐりしたエスキモーの体型（寒冷地で体温を保つには好都合）などがそうである。

人種の違いとしてまっさきに思い浮かぶのが肌の色、目の色である。この違いも自然淘汰で説明がつくのだろうか。自然淘汰によるものなら、たとえば、青い目のような同一の特徴が、同じような気候条件の地域でも出現するはずだし、科学者たちの意見も、その特徴がどのように有利なのかという点で一致しているはずだ。

それを考えるうえで、皮膚の色は一番わかりやすい特徴かもしれない。私たちの肌の色は黒色、茶色、銅色、黄みがかった色、ピンク色といろいろな色調におよび、さらにソバカスの有無という違いがある。自然淘汰によってこの変化を説明しようとすれば、その話は通常こんなふうになるだろう。日差しの強いアフリカ出身の人は黒い肌をしている。南インドやニューギニアのように、同じように日差しの強い地域の人たちもやはり黒い肌をもっている。赤道から南北両方向に向かっていくと、遠ざかるにつれて皮膚の色は薄くなり、北ヨーロッパでもっとも薄くなる。強い太陽光にさらされている人びとのあいだでは、皮膚の色が黒く進化したことは瞭然だが、それは黒い肌のほうが日焼けや皮膚がんにかかるのを防いでくれるからである。しかし、これで理屈は通っているのだろうか。

残念だが、話はそれほど単純ではない。まず、日焼けや皮膚がんが原因で死亡する例は、伝染性の病気に比べればはるかに少ない。つまり、日焼けや皮膚がんなどは、自然淘汰を引き起こすほどの強い圧力ではないのだ。熱帯では黒い肌が有利で、北部の地域では白い肌が有利に働くという自然淘汰を説明しようと、これまで少なくとも八つの説が唱えられてきた。こうした説のなかには、ジャングルでは黒い肌のほうがカモフラージュになるとか、白い皮膚の場合、凍傷になりにくいといったものがあった。

しかし、いずれの説にも言えることだが、こうした説に対する一番の反論は、実は黒い皮膚と日差しの強い気候の関連性が完全ではないという点にある。黒い皮膚に進化した住民のなかには、オーストラリアの樹木におおわれたタスマニア島のように、日照量はむしろ少ない地域に住む人たちがいる一方で、日差しの強い東南アジアの熱帯地方でありながら、ここに住む人たちの皮膚の色は中間色でしかない。アメリカ・インディアンでも、もっとも強い日差しにさらされる地域に住んでいる場合ですら黒い肌をもつ人はいない。また、太平洋のソロモン諸島では、真っ黒な肌の人や色の薄い人が同じような気候条件のもとにある島々に住んでいる。

一方、人類学者はこんなふうに主張する。熱帯地域に住む肌の色が薄い人たちは、つい最近になってその土地に移住してきたので、皮膚の色が黒くなるまで十分な進化を遂げていないのだ。

アメリカ・インディアンの祖先がアメリカ大陸に到達したのがわずか一万一〇〇〇年前——たぶん、熱帯アメリカの暑さのもとでその肌を黒色へと進化させていくにはまだ十分な時間を過ごしていないのだろう。皮膚の色に対する気候の影響説を裏づけるため、人類学者が指摘するのがスカンジナビア人だ。寒冷で日差しに乏しく、霧の多い北部に住んでいるスカンジナビア人の皮膚は白い。ただ問題は、スカンジナビア人が北ヨーロッパに移住してきてからまだ四〇〇〇〜五〇〇〇年しか経過しておらず、アメリカ・インディアンが南米アマゾンに到達したころよりも、もっとずっとあとになってからのことなのだ。つまり、スカンジナビア人の場合、はるか以前の時点で、ほかの地域ですでに白い肌を獲得していたのか、それともアメリカ・インディアンがアマゾンの地で黒い肌を獲得しないまま過ごしていた時間のうち、その半分にも満たない期間で白い肌へと進化を遂げたことになる。

皮膚の色と気候の関連性が説得力に乏しいなら、目の色、髪の色を気候との関連でとらえるのはまったく無理な話になってしまうだろう。金髪は、寒冷でじめじめとしたスカンジナビア人にはごく普通だが、同時に高温で乾燥したオーストラリア大陸中央部に住むアボリジニのあいだでも普通に見られる髪の色だ。この二つの地域にどのような共通点があり、そして、スウェーデン人とアボリジニのいずれにとっても、いったい金髪であることがその生存上どんなふうに役立っているのだろうか。

オーストラリアのいくつかの地域では、アボリジニの子どもの４分の３が明るい金髪をしている。ただし、成長するにつれて茶色に変わっていく場合も少なくない。金髪が普通の集団としてはアボリジニのほかに、白い皮膚をした北欧人種がいる。

性淘汰と体に現れた特徴

ダーウィンは、ヒトの地理的多様性の問題について考えたものの、結局、自然淘汰はこの問題には関連していないと判断した。そして、これぞという理論を組み立てた。その理論が性淘汰である。

クジャクの雄の長い尾羽、雄ライオンのもじゃもじゃと生えた黒いたてがみなど、動物の多くが生存上、明らかに価値がない形質を備えている。しかし、こうした形質は異性を引きつけたり、ライバルを威嚇したりして、交配する相手を得ることにひと役買っている。その点では、クジャクとライオンの雄はとりわけ成功しているので、ほかの雄よりもたくさんの子どもを残していける。遺伝子は子どもに受け継がれ、これらの遺伝子は集団全体に広がっていくが、それは性淘汰、あるいは選択交配のためであり、自然淘汰のせいではない。雌の形質についても同じことが当てはまるだろう。

性淘汰が働くには、進化によって二つの変化が同時に起こらなければならない。一方の性が形質を進化させ、もう一方の性はその進化を好むように変わっていかなくてはならないのだ。雄のクジャクがあでやかに尾羽を広げても、雌がそれにそっぽを向き、雄を追い払ってしまうようなら、雄も羽を広げる余裕をなくしてしまう。一方の性がある形質を得て、他方の性がそれを好むかぎり、そして、生存していくうえでその形質が過度の負担にならないようであれば、性淘汰によってそのような形質が現れてくるのだ。

肌の色に見られるヒトの多様性も、地域によって違ってくる性的なえり好みの結果現れてきたのではないのだろうか。この問いにダーウィンは「イエス」だと信じていた。世界では住む地域が異なれば美の基準も変わり、慣れ親しんだものを基準に美しさを決めてきたとダーウィンは指摘している。太平洋のフィジー島に住む人、南アフリカのブッシュマン、あるいはアイスランドに住む人たちは、それぞれ自分が学んだ地域の美の基準とともに育ってきた。こうした基準がそれぞれの集団で維持される傾向にあるのは、この基準に一致していればいるほど、配偶者選びで大きな成功を得ることができるからであり、自分の遺伝子も子どもに伝えていくことができるからなのだ。

ダーウィンは、実際に人がどのようにして配偶者を選んでいるのかという研究によって、みずからの性淘汰という理論が検証されるまえに息を引き取った。前章で見たように、こうした研究は現在いたるところでおこなわれている。研究で明らかになったのは、概して人は多くの点で自分に似ている相手と結婚する傾向が認められ、皮膚や髪、目の色もそのなかに含まれている。私たちが抱いている美しさの基準は、幼いころ自分の周囲にいた人たち、とくに両親や兄弟姉妹など、もっとも頻繁に目にしていた者たちだ。そして、こうした人たちが自分に一番よく似ているのは、同じ遺伝子を共有しているからにほかならない。

◉白か青か、それともピンクか

どうやら私たちは、幼いころに刷り込まれた美しさの基準、愛着を覚える美の基準にしたがって、自分の配偶者を選んでいるようである。配偶者選択をめぐる刷り込み理論を徹底的に検証するなら、なんらかの実験をしなくてはならないが、そんな実験を人間相手におこなうのは非現実的であり、できるものでもないが、動物が対象ならこの実験も可能だろう。

ハクガンを使ってある研究がおこなわれた。野生のハクガンには「白色型」と「青色型」と呼ばれる二色が存在している。交尾相手として、「白色」「青色」に対する好みをハクガンは生まれながらに受け継いでいるのか、それとも成長とともにどちらかを好むようになるのか。カナダの研究者がそれを調べようと思い立った。孵化《ふか》器のなかで卵をかえすと、生まれたヒナは里親のもとに置かれた。これらのヒナが大きくなったとき、配偶者として好んだのが里親と同じ色のハクガンだったのである。しかし、白色型と青色型の両方が交じった群れで育ったヒナの場合、交配する相手に対して、とくにどの色が好みだという様子はまったく示さなかった。

最後に何羽かのハクガンの親をピンク色に染めた。自然界では存在しない色だが、この親のもとで成長したヒナが配偶者として好むようになったのがこの色だった。ハクガンは色の好みを遺伝として受け継いでいないことを実験は示していた。親や兄弟姉妹、遊び仲間を通し、その色が刷り込まれることで、ハクガンは幼少期に好みの色を学習していたのである。

特徴と好みと配偶者の選択

世界の異なる場所に住む人たちは、自分なりの好みをどうやって進化させていったのだろう。体のなかは私たちの目には見ることはできず、変化は自然淘汰を通じてのみ遂げられてきた。スウェーデン人ではなく、熱帯に住むアフリカ人の多くがマラリアから身を守る鎌状赤血球の遺伝子をもつようになったのもそれが理由だ。私たちがもつ外見の特徴の多くも、自然淘汰で形づくられてきた。しかし、動物たちがまさにそうであるように、私たちの外見上の特徴の形成についても性淘汰が大きく影響しており、そして、この特徴によって私たちは配偶者に引き寄せられているのだ。

人間の場合、これらの特徴がとくに著しいのが肌や髪の毛、目の色の形質である。世界のどの地域においても、こうした形質は私たちが幼いころに形成された好みと理想の美しさ、つまり刷り込まれた美意識とともに進化していきながら、形質が美意識を強め、美意識もまた形質を強化していった。その結果、世界それぞれの地域で見られる、色とりどりの詰め合わせ状態となったのである。

それぞれの人間の集団が、いまあるような目や髪の色をなぜもつようになったのかに関しては、生物学者が「創始者効果」と呼ぶ偶然の現象がある程度かかわっているのだろう。創始者効果とは、無人の土地に少人数で移り住み、やがて子孫たちが増えて土地にあふれるようになっても、ひとにぎりの創始者がもっていた遺伝子が、何世代あとの集団においてもまだ優性なままであることをいう。

人間の肌の色に気候がまったく無関係だと言っているわけではない。熱帯に住む人たちの肌は平均すると、やはり赤道から遠く離れた地域に住む人たちに比べて濃い色をしている傾向がうかがえる（もちろん、これにも例外は少なくないが）。その理由ははっきりしていないものの、やはり自然淘汰が関係しているのだろう。私が言いたいのは、性淘汰の影響は、こうした皮膚の色と日光照射との関連性さえまったく不完全なものにしてしまうほど強力なものであるということなのである。

形質と美的な好みが手を携えて進化していき、最終的に新たなものを生み出すという考え方についてまだ疑いが晴れないようなら、ファッションを例に考えてみてほしい。第二次世界大戦直後の一九五〇年代、女性が好みとする男性は髪をクルーカットに刈り込んで、髭もきちんとそっていた。以来、私たちが目にしてきたのは、頬ひげ、長髪、イヤリング、紫色に染めたモヒカン刈りと、男性ファッションのオンパレードである。ただ、一九五〇年代なら、こうしたファッションのどれかを選び、なんとか女性を口説こうとしても、相手はそっぽを向いて恋人作りの結果はゼロだったはずだ。ところが最近では、こうした外見も女性がそのファッションを好むような人間集団においては支持を集めるようになってきた。クルーカットのような短い髪が、とりわけ一九五〇年代の気候条件に適応していたからではなかったように、モヒカン刈りも現代の環境で生き残っていくうえで助けとなるからだというわけではない。男性の外見と女性の趣味がいっしょになって変わったのだ。しかも、進化的な変化よりはるかに迅速だったのは、この変化は遺伝子の突然変異などまったく必要としていなかったからである。同じことは女性のファッションについても言えるだろう。

人間の外見に性淘汰がもたらした地理的な変異には、やはり目を見張るものがある。緑、青、灰色、茶、黒と集団によって目の色は異なり、肌の色も地域によって白から黒へと変化し、髪の色も赤、黄色、茶、黒と変わっていく。これほどの変化に富む野生動物は私も聞いたことはない。進化にともなう時間を除けば、性淘汰が私たち人間を飾り立てる色には限りはないようだ。これから二万年後になると、生まれつき緑の髪と赤い瞳をもつ女性が現れていて、それにうっとりとしている男性がいるのかもしれない。

第5章

人はなぜ歳をとって死んでいくのか

敬愛を寄せる祖父母や恩師はいるだろうか。年長の知人が身近に一人いれば、自分の人生は豊かになるという考えに異論はないだろう。

私たちは自分よりも年上の人たちに囲まれて人生を踏み出す。両親、祖父母、おじやおば、それから兄や姉をもつ人もいる。彼らは家族であると同時に親友であり、自分の保護者やガイドにもなってくれる。愛する人たちとの関係は私たちにとってなによりも大切だ。だから、いつの日かそうした人たちを失うという現実をなかなか受け入れられない。だが、加齢の次に待ちかまえているのは死で、そうやって人生に終止符が打たれるのはごく自然のなりゆきなのだ。私たちの誰もが最後に死を分かちあうのは逃れられない運命なのである。

この地球で生きるどんな生き物の例に漏れず、ホモ・サピエンスという種の一員である私たちは、ライフサイクルの見通しである平均寿命をもっている。「平均寿命」は科学用語で、ある種に属する動物がどのぐらい生きていられるのか、その平均的な期間を示している。平均寿命は多くの要因の影響を受け、人間の場合、鍵となる要因はどこで生きているかによる。生まれた国によって平均寿命が異なるのは、食料の善しあし、水、利用できる医療などの条件に基づいているからである。アメリカ合衆国の場合、成人の平均寿命は現在、男性で七六歳、女性はほぼ八一歳である。だが、一〇〇歳まで生きる人となるとほとんどいない。

八〇歳ぐらいまで生きるのは難しそうではないが、一〇〇歳となるとがぜん困難となり、一二〇歳ともなるとほとんど不可能になるのはなぜなのだろう。人間は最高の医療も利用できる。檻のなかで飼われている動物は、食物には不自由せず、自分を狙う捕食者もいない。それにもかかわらず、結局は病み衰えて死が避けられないのはなぜなのか。死は、私たちのライフサイクルにおいて、もっともあからさまな特徴のひとつだが、しかし、死がどうして起こるのかについてはまったくなにも明らかにされていない。

ゆるやかになっていく加齢

ヒトにもっとも近しい類人猿の親戚に比べると、人間はとてもゆっくりしたペースで歳をとっていく。最近のアメリカ人の平均寿命まで生きた類人猿は、どのような種類であれ一匹も記録されていない。例外的にひとにぎりの類人猿が五〇代まで生きているぐらいだ。ヒトの加齢の速度が遅くなったことは、六万年前の大躍進のころにきざしはじめていたのだろう。ネアンデルタール人は四〇歳以上生きることはまれだったが、あとを継いだクロマニヨン人になると、六〇歳以上生きる者も少なくなかった。

JUAN PONCE DE LEON,
SEARCHING FOR THE FOUNTAIN OF YOUTH.

1513年、フロリダを探検するスペインの兵士と軍司令官のフアン・ポンセ・デ・レオン。ポンセ・デ・レオンが探していたのは、その水を飲んだ者の病を癒し、永遠の命を授けるという伝説の「若返りの泉」だと、のちになって主張する歴史家がいた。科学者のなかには、現在でも不死の命や長命の秘密の発見をめざしている者がいる。

加齢の速度が遅くなることは、ヒトのライフサイクルに決定的な意味をもっている。ライフサイクルは受け継がれる情報に頼っているからなのだ。言葉が発達していくことで、以前よりもはるかに多くの情報が受け継がれていく。今日では、書き言葉や録音録画などの形式でこうした情報の伝達が可能になったが、歴史的に見れば文字の発達はごく最近だ。文字が登場する以前の数万年前まで、老人は仲間にとって図書館のような存在だった。現在でも部族社会で続けられているように、集団に伝わる情報や経験の伝承者の役割は老人が担っていた。狩猟採集生活では、こうした知識をもつ七〇歳の老人が一人いるかいないかで、集団全体が飢え死にするか、生き延びるかの瀬戸際に立たされていた。

私たちが熟年を迎えるまで生存可能になったのは、文化と技術の進歩に関係している。ライオンを前に、手に石ひとつで身を守るより、槍を使ったほうが有利であり、槍よりも高性能ライフルを使ったほうがもっと容易に身を守れる。とはいえ、長生きするには文化と技術だけでは十分ではなく、私たちの体そのものがもっと長生きできるように変わらなくてはならなかったはずだ。この章で説明するように、文化と技術の進歩によって平均寿命は延びていき、それに合わせるかのように私たちの体も生物学的に作り直されていった。

加齢をめぐる研究は、二つのグループの科学者によって進められ、その取り組み方はまったく異なる。生理学者は人体と人体の構造を調べ、加齢を引き起こす細胞内のメカニズムについて研究を進めている。一方、進化生物学者は、自然淘汰によってなぜ加齢が引き起こされるのか、その説明を試みる。私自身はと言えば、いずれの側からも説明を探し求めなければ加齢という現象は理解できないと考えている。「なぜ歳をとるのか」をめぐる進化論的な説明は、「加齢を引き起こす人体の具体的な現象とそのプロセスはなにか」という生理学的な説明を明らかにするうえで、ひと役買うのではないかと期待している。

体の修理と部品の交換

生理学者には、人体のなんらかの部分とそのシステムが、避けようのない加齢を引き起こしていると考える傾向がある。ひとつの説は、私たちの免疫システムが、自分自身の細胞と自分以外の細胞の違いをだんだん区別できなくなっていくからだというものだ。これは、免疫システムにとって致命的な欠陥である。自然淘汰は完璧な免疫システムを生み出せなかったのだろうか。この質問に答えるには、私たちの体がどのようにして維持されているのか見ておく必要があるだろう。

加齢というものは、損傷を負ったり、劣化したりしてその修理ができなくなったのだと単純に考えることができるだろう。自分ではそれと気づかないうちに、私たちの体では、分子レベルから組織や器官全体にいたるまで、すべてのレベルにわたって絶えず修理が繰り返されている。これは、私たちがお金を使って車の修理をしているのと同じようなものだ。そして、車の修理同様、私たちの体の自己修理機構もダメージコントロール、定期交換の二つの方法に分類できる。

車の場合、ダメージコントロールに相当するのが、パンクしたタイヤやぶつけて凹んだフェンダーの交換などだ。人体の場合なら、一番わかりやすいのはケガの治癒で、損傷した皮膚の傷が治っていく。動物のなかにはさらにみごとなダメージコントロールをするものがいる。切れたしっぽを再生するトカゲ、ヒトデはなくした腕を、ナマコにいたっては内臓をそっくり再生することさえできるのだ。人間の場合、遺伝物質であるDNAに受けた損傷部分を認識して修理する酵素をもっているので、目には見えない分子レベルで修理がおこなわれている。

もうひとつのタイプの修理が定期交換で、これも車をもつ人にはおなじみだ。オイルやエアフィルターやほかの部品など、壊れる前に定期的に交換していく。動物の世界では、歯はスケジュールにしたがって生えかわる。人間の場合、一生のうちに二組の歯を交換するが、ゾウは六組、サメは何組でも交換可能だ。エビや昆虫は、脱皮によって新しい殻を作ることで、外骨格つまり殻を定期的に置き換えている。髪の毛が伸びるのも定期交換の一例で、どれだけ短く切ろうと髪は変わらずに伸びつづけている。

定期的な交換は、私たちの体内でも起きている。人体の細胞の多くは絶え間なく置き換えられ、たとえば、小腸を内側からおおう細胞は数日おきに一回のペースで、赤血球は四カ月に一回の頻度で交換されている。傷を負った分子が私たちの体に組み込まれていかないように、タンパク質の分子もまた置き換えられている。今日、鏡に映る自分を見て、一カ月前に撮った写真の自分と同じだと思っているかもしれない。しかし、その体を構成している個々の細胞はまったく別のものなのだ。

　多くの動物は必要に応じて体を修理したり、定期的に体の部品を置き換えたりすることが可能だ。どのくらいのレベルで修理ができるか、あるいは置き換え可能であるかは動物ごとで異なる。しかし、人間の場合、修復に限りがあることについて、生理学的に必然的な理由は存在していない。ヒトデがもぎ取られた腕を再生できるのに、どうして人間にはそれができないのだろう。関節炎から体を守るのなら、ちょうどカニのように関節を定期的に再生するだけですむはずだ。男性も女性も八〇歳で死ぬのではなく、せめて二〇〇歳まで生きて赤ん坊を産みつづけたほうが、自然淘汰のうえでは有利ではないのかと思えてくる。それならどうして人間は、体のすみずみまで修理したり、置き換えたりできはしないのだろうか。

　その答えはもちろん、修理にともなう費用に関係している。もう一度、車の修理の例で考えよう。長く乗れるように、たとえばメルセデス・ベンツのような高級車を購入したとする。その場合、せっかくの車を処分したり、数年ごとに新しく買い換えたりするより、定期的な整備にお金をかけたほうが安くすむので筋が通っている。ただ、住んでいるのがパプアニューギニアの首都ポートモレスビーだとしよう。ここは世界でも有数の交通事故の多い町で、お金をかけて頻繁にオイルを交換したり、エアフィルターを換えたりしていようが一年とたたずに車はダメになってしまう。だから、ここに住む車の持ち主の大半は、整備などいちいち気にしないし、整備のために用意する費用は、次の車の購入資金に回される。

これと同じように、生物学的な補修に対し、動物がどれだけのエネルギーを投じる〝べき〟なのかは、修理にともなう費用と、そして、修理をした場合としない場合とでどれだけ長く生きられるかにかかっている。そう考えると、これは進化生物学に属する話だ。自然淘汰は、子どもを多く残せる生物の比率を押し上げるように働き、そうすることで今度は生き残った子どもが自分の子どもを多く残していく。進化とは戦略的ゲームだと考えてみよう。進化の観点からすると、一番多くの子孫を残した戦略を選んだプレイヤーが勝ちだ。この考え方は、寿命の問題を含め、生物学上のいくつかの問題を理解するうえでとても役に立つ。

寿命をめぐる問題

生物にとって、多くの子どもを残せるから長生きがいいのであれば、なぜ、植物も動物も人間もさらに長く生きようとはしないのだろうか。頭がいいこと、速く走れることがいいことなら、なぜ私たちはいま以上に速く走り、もっと賢くなるように進化してこなかったのか。

自然淘汰とは、個体全体に対して働き、個体の一部分やある特質に限って作用するわけではない。生き残って子どもを残すのか、あるいは死んでしまうのかはあなた自身であり、あなたの大きな脳や速い脚ではない。動物の体の一部分が大きくなることは、ある点では有利であっても、ほかのいくつかの点では不利をもたらす。大きくなった部分が、当の動物の体のほかの部分となじまずに、本来ほかで使われるはずのエネルギーを奪ってしまう。

自然淘汰はそうではなく、丸ごとの動物が生存して、繁殖の成功度が最大化を図れる程度にまでそれぞれの特質を調整しようとする。各特質が可能なかぎり最大化されることはない。というより、特質それぞれのバランスが一致する一点、個々の特質が大きすぎもせず、また小さすぎもしない点で落ち着いている。丸ごとの動物としての当の個体にとっても、その特質が大きすぎたり、小さすぎたりしていたときよりも成功する見込みは高くなる。

もう一度、車などの複雑な機械を例に考えれば、この原理がどのように働いているのかがわかるだろう。車のエンジニアが、ある特定の箇所を車全体とは無関係にいじれないのは、それぞれの箇所ごとに費用やスペース、重量がともない、そこで使えばほかの箇所では使えなくなってしまうからなのだ。各部分をどう組み合わせればもっとも効果的なのか、エンジニアはつねにそれを問いつづけなければならない。

ある意味、進化とはエンジニアのようなものである。進化もまた、動物のほかの部分を切り離して個々の特質に限っていじり回すことはできない。器官、酵素、ＤＮＡなど、いずれもほかのものに使えたかもしれないエネルギーとスペースを使って作り上げたものだからである。個別にいじるかわりに、自然淘汰が選んだのは、その動物が繁殖成功度を最大化できる特質の組み合わせだった。エンジニアも進化生物学者も、なにかを増大させるなら、そこにはトレードオフ（差し引き関係）がかかわっている点を踏まえたうえで考えなければならない。変化がもたらす利益とともに、それにともなう損失の両面から評価しなくてはならないのである。

◉巡洋艦の教え

ひとつの特質を肥大させた結果、種そのものの滅亡を招いた例として、イギリス海軍の巡洋艦について考えてみよう。第一次世界大戦（一九一四〜一八年）に先立って、イギリス海軍は一三隻の巡洋艦を進水させた。これらの巡洋艦は軍艦として最大化が図られるとともに、一基でも多くの大砲が装備できるように設計されていた。そのうえ船足と火力も最大化されていたことから、新造の巡洋艦はたちまちイギリス人の心を捕らえ、戦争を宣伝する格好のシンボルとなっていた。

しかし――艦艇の排水量は二万八〇〇〇トン、大砲の重量はそれとほぼ同じ、しかも高速の船足を発揮できる巨大な動力機関を搭載して、艦の総重量二万八〇〇〇トンはそのままとすれば、どこかでなにかを削らなくてはならなかった。このとき、とくに切りつめられたのが装甲部分で、そればかりか副砲、艦内区画、対空装備も削られた。

バランスを無視した設計がもたらした結果は避けがたかった。一九一六年、「インディファティガブル」「クイーン・メリー」「インビンシブル」の三艦はドイツ海軍の砲撃を受けると間もなく轟沈、たった一度の海戦だった。「フッド」は一九四一年に沈没、ドイツの戦艦「ビスマルク」との戦闘開始から八分後である。同じ年、真珠湾攻撃から数日後、「レパルス」が日本の攻撃機によって撃沈、第二次世界大戦の海戦中、航空機からの攻撃で沈んだ最初の巨大艦艇とな

第一次世界大戦中の 1916 年、ドイツ海軍の砲撃を受けた直後の「クイーン・メリー」。

る。ある部分がみごとなほど増強されると、全体の適正なバランスを失う明らかな証拠を突きつけられ、イギリス海軍はその後、戦闘巡洋艦の建造計画を放棄した。

進化と加齢

子どもを産む能力において、私たちのライフサイクルには、最大化を図るどころかむしろ制限を加えているように思える特徴が少なくない。歳をとって死ぬこともその一例だが、ほかにも思春期を迎える時期が遅い、妊娠期間は九カ月から一〇カ月と長い、一度の出産で一人しか産まない、女性に閉経（女性の一生で妊娠が不可能になる時点）などが存在する。どうして、五歳で思春期を迎え、三週間で妊娠を完全に終え、いつも五人やそれ以上の子どもを産み、閉経はなく、二〇〇歳まで生きて何百人という数の子どもを残せるような女性が、自然淘汰によって現れはしなかったのだろうか。

こうした問いを立てる場合、進化によって私たちの体には一度に一カ所の変化が生じると考え、進化によってこうむる隠された損失は不問にされる。たとえば、妊娠期間を三週間に短縮するなら、女性本人や赤ん坊に関してもいろいろな変化をさせなければできない相談だ。人間に使えるエネルギーの量はきわめて限られていることを思い返してほしい。木こりやマラソンランナーなどの激しい運動をおこなう人たちでさえ、一日にエネルギーに変えられるカロリーはたかだか六〇〇〇キロカロリー程度である。一人でも多くの赤ん坊を産むことが私たちの目的なら、こうしたカロリーについて、赤ん坊を育てることにどれだけ、もっと長生きできるように自分の体を修復することにこれだけと、どのようにしてカロリーをうまく配分すればいいのだろう。

一方の極として、もし子どもを育て上げることに全エネルギーを注ぎ、生物学的な修理についてエネルギーをまったく投じなければ、最初の子どもを養育する以前に女性は年老いてしまい、体はぼろぼろになってしまう。これとは反対の極として、もてるエネルギーのすべてを体がうまく機能するように修理に注ぎつづければ、長生きはできるだろうが、子どもを産んで育てるような骨の折れる仕事に向けるエネルギーは使いはたされてしまう。

自然淘汰に課されているのは、動物が体の修理と繁殖に費やすエネルギー量を調整し、その動物が生涯において産む子どもの数が平均して最大に達するようにすることなのだ。その結果が寿命とライフサイクル上の繁殖形質とのあいだにうかがえるバランスなのである。そして、このバランスは動物ごとに違っている。

たとえば、ハツカネズミでは生後二カ月で赤ん坊を産める。これに比べて人間の場合、生理的に繁殖が可能になるのは少なくとも一二年、あるいはそれ以上の年齢になる場合のほうが多い。ハツカネズミでは、手厚い世話と食事に恵まれたとしても、二度目の誕生日まで生きていられたハツカネズミは運がいい。しかし、人間の場合、食事と世話に恵まれながらも七二歳の誕生日まで生きられなければ、運が悪かったという話になってしまう。

何年もの時間を経てやっと子どもを産めるようになる人間のような動物は、自己を修復するためにたくさんのエネルギーを費やすことで、ようやく繁殖が可能な年齢にまで達していける。そのかわり、私たちはハツカネズミよりもはるかにゆっくりと歳をとっていく。というのは、人間の場合、体の修理ははるかにきちんとおこなわれているからである（自己の維持と自己修復の大半は外見からはわからず、定期的に細胞が置き換えられている点に注意）。つまり、自己の修復に、ハツカネズミと大して変わらないエネルギーしか使わない人間は、思春期に達する前に死んでしまうということなのである。

◉加齢を引き起こす原因は存在するのか

加齢を研究している老年学の専門家は、ヒトが歳をとり、死んでいくという生理学的な側面に研究の重きを置いている。調べているのは老化を引き起こす最大の原因か、せいぜい多くとも数個の原因だ。しかし、進化生物学の立場からすると、老年学が成功する見込みはないだろう。老化することについて、その理由がたったひとつであるわけはなく、また数個の理由ですむはずもない。そうではなく、人体のシステムすべてがペースをひとつにして、多くの変化を同時に引き起こしながらヒトは老いていき、やがていっせいに死にいたるように自然淘汰が機能しているからである。

体のある部分をことさら念入りに維持しても、ほかの部分がそれより早く弱っては手入れの意味もなくなる。体の維持には非常に大きなエネルギーが使われているからだ。また、体のいくつかの部分やシステムが、ほかのものより早くだめになっても意味はない。こうしたシステムの修理の場合、エネルギーを投じて少し念入りに手入れをすれば、平均寿命がぐんと延ばせるからである。自然淘汰は無意味なミスを犯すことはないのだ。戦略上もっとも有効的なのは、だめになるときはいっせいに崩壊するペースを保ちつつ、体の部品という部品を修理するという方法なのである。

一斉《いっせい》崩壊という進化の理想の姿は、生理学者が長きにわたって探し求める単一の原因に比べると、ヒトの体に課された運命について、はるかにうまく説明しているように私には思える。歯がすり減ったり抜けたり、あるいは筋肉がすっかり衰え、聴覚や視覚、嗅覚や味覚などの五感も著しくだめになるなど、多くの人たちが年齢とともに老いを経験している。さらに、心臓が弱くなる、関節がきしむ、骨がもろくなる、腎臓がうまく機能しない、免疫システムの低下、記憶力が鈍るなど、これらはごく普通に見られる老化の症状だ。こうなるように準備を整えたのが進化であり、それにしたがって人体の全システムは衰えていくように仕組まれている。

現実的な見方をすれば、ずいぶん気落ちしてしまう結論だ。老化が単一の原因か、あるいはこれというおもな原因が理由で生じるものなら、そうした原因への対処とは不老の泉を授けることでもある。しかし、自然淘汰は、そんなシンプルな治療法でどうにかなるような単純なメカニズムで老化をもたらすような真似をするわけはない。それに、私たち全員が何世紀にもわたって生きてしまえば、いったいこの世界はどうなってしまうのだろう。私たちは私たちで、特別に与えられた時間をどうやって過ごせばいいのだろうか。

閉経後の人生

進化によって説明できる老化現象のなかでも、その鍵となる例として、ヒトは出産年齢の期間を過ぎても生きているという、人間のもつきわめてユニークなライフサイクルの特質について見てみよう。自分の遺伝子を次の世代に伝えることが進化を促す原動力だ。繁殖を終えた年齢を過ぎても生きつづける動物はほとんどいない。自然は、繁殖が終了した時点で死が起こるようにプログラムしている。これ以上子どもが産めなければ、次の出産に備えて体の修理を万全に整えても、進化的な価値はもうないからである。

それだけに、どうして人間の女性だけは、閉経後も何十年と生きるようにプログラムされているのだろうか。そして、なぜ人間の男性の大半は、父親として育児に精力的にかかわれなくなった年齢まで生きつづけるようにプログラムされているのだろう。

答えは人間の子育て法にある。ヒトの場合、子どもの世話にかかりきりになる期間が異常に長く、二〇年近くも続くからである。自分自身の子どもがすでに成人に達した老人も、こうした子どもたちにとっては欠かせない存在だ。自分の孫やほかの子どもの面倒をみることを助けるのは、単に自分の子どもや孫が生き延びていくだけではなく、部族全体が生きていくうえでも欠かせない貢献となっていた。とりわけ、文字が発明される以前の時代では、老人はきわめて大切な知識を伝承する担い手だった。こうした理由から、人間は比較的歳はとっていても、体はかなり修復可能な状態でいられるように自然によってプログラムされ、女性にいたっては、閉経後、これ以上子どもが産めなくなっても体は使えるようにあらかじめ仕組まれているのだ。

とはいうものの、自然淘汰は、そもそも女性になぜ閉経が訪れるようにプログラムしたのだろう。ヒトの男性、それにゴリラとチンパンジーでは両性を含め、たいていの哺乳類では、繁殖活動は歳とともに徐々に衰え、最後にはなくなっていく。閉経を迎えて、突然、繁殖能力を終えてしまうのは唯一ヒトの女性だけなのだ。自然淘汰の点では、最後の最後まで繁殖能力をもちつづけた女性のほうが有利なはずではないのだろうか。

ヒトの女性の閉経は、人間にしか見られない二つの特徴におそらく由来している。ひとつは、出産の際に母親が強いられる並はずれた危険だ。ほかの動物と比べれば明らかなように、ヒトの赤ん坊は、母親の体のサイズに比較すればとてつもなく巨大なのだ。出産は困難となるばかりか、時には危険ですらある。近代の医療が整う前までは、分娩中に多くの女性が息を引き取っていたし、昔ほどではないとはいえ現在でも変わらずに起きている。ほかの霊長類では、分娩中に母親が死亡するなどめったにあることではない。

もうひとつの特徴は、母親の死によって引き起こされる子どもの危険性であり、この時期の子どもは母親の世話にひどく依存している。ヒトの子どもは親の世話を長期間にわたって必要としており、狩猟採集民の場合、乳離れをしたからといって、母親が死んでしまえば、その子どももも死んでしまうおそれは十分にあった。どのような霊長類と比べても、ヒトの子どもの場合、大きくなってからもそうした状況に変わりはなかった。

何人かの子どもをもつ狩猟採集民の母親では、次の出産に臨むたびにこうした子どもたちの命も危険にさらされていた。子どもが大きくなるにつれ、養育に向けられた母親のこれまでの投資もそれにしたがって大きなものになっていく。同時に、高齢になるほど、出産で母親自身が命を落とす危険も増していく。つまり、母親が次の出産を迎えるたびに、先に生まれていた子どもにとっても状況は悪化していったのである。まだ、親の世話を必要としている子どもが三人いたとすれば、四番目の子どもの出産はこの三人を母なし子にする危険をともなっていた。

出産をめぐる賭け率がこうして悪くなったことで、おそらく自然淘汰によって閉経が引き起こされたのだろう。女性の繁殖能力が突然終わりを迎えることで、母親がすでに産んだ子どもに注ぎ込んできた投資は守られた。父親の場合、出産の危険はともなわないので、男性では閉経が進化することはなかった。加齢と同じように、閉経も進化の文脈を踏まえることで納得できる、人間のライフサイクルの特徴のひとつなのだ。閉経はクロマニヨン人やほかの解剖学的現生人類が、たびたび六〇歳を超えて生きるようになった、わずか六万年以内に進化したと考えられる。

現代人の長い寿命は、食べ物を得たり、捕食動物と戦ったりするために道具を使うような文化的適応にだけ負っているわけではない。閉経や自己を修理するために投資を増やしていったような生物学的適応のおかげでもあるのだ。こうした生物学的適応が大躍進の時代に起きたのか、あるいはそれに先立って起きていたにせよ、この適応はヒトが第三のチンパンジーへと変わっていく生命の歴史の変化のなかでも、とりわけ上位にランクされるものなのである。

1914年ごろのハワイの学校の授業風景。さまざまな民族的背景をもつ子どもたちによって、当時、農園で働く彼らの親のピジンはクレオールとして広く使われるようになっていった。

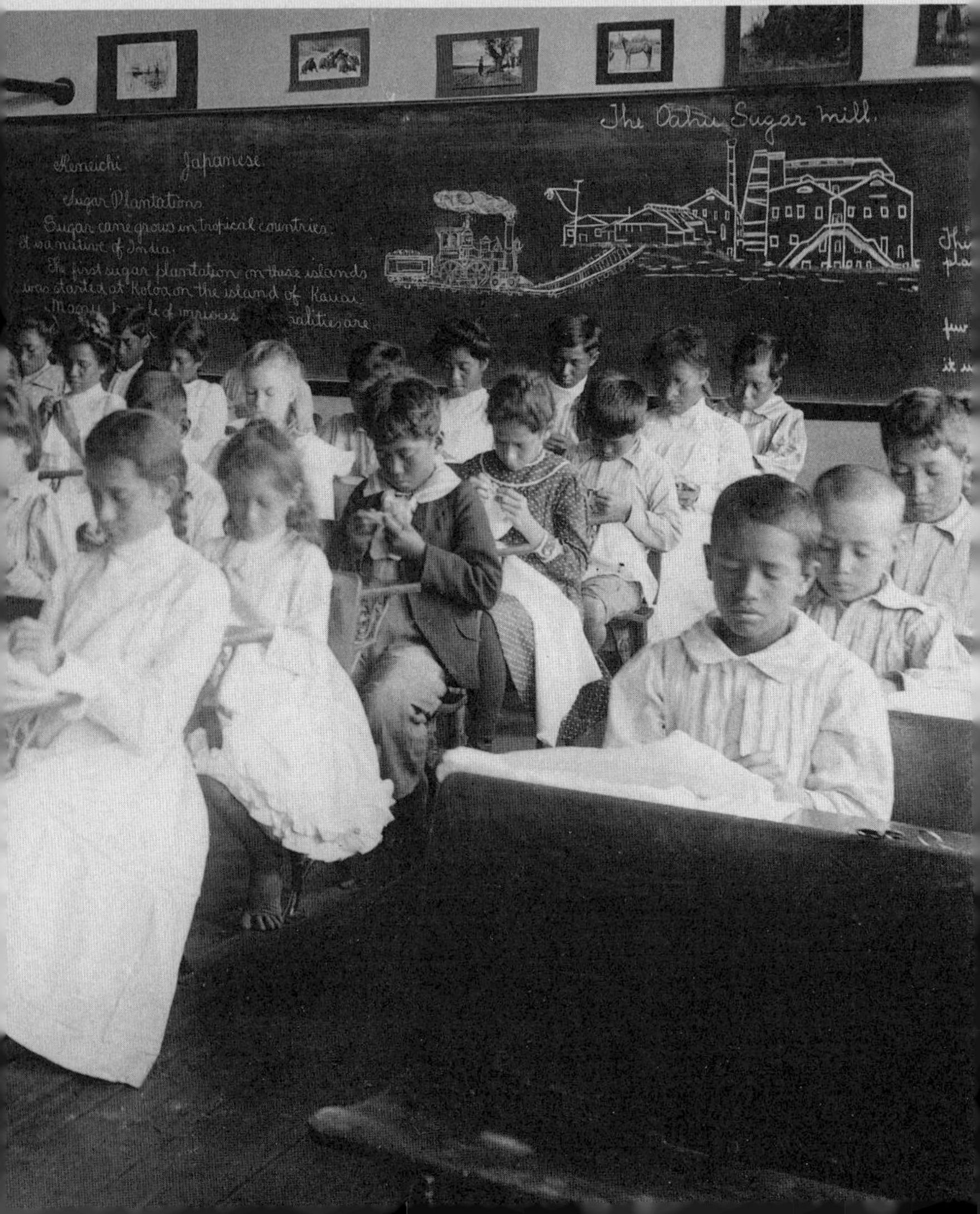

第3部 特別な人間らしさ

第1部と第2部で見たように、私たちのユニークな特質のいくつかは、生物学を基礎にしたものである。人間の大きな脳や二足歩行は、私たちの遺伝子によって決定づけられているのだ。そして、人体にうかがえるいくつかの特徴やライフサイクルもまた遺伝子によって特定されている。

しかし、ユニークな特徴がこれだけなら、人間はほかの動物のなかでとくに目立つ存在にはならなかったはずである。二本の脚で歩くのはダチョウも同じだ。体の大きさに比べて大きな脳をもつ動物はほかにもいるし、大きなコロニーで集団生活を送る海鳥には人間と同じように一夫一妻で暮らすものがいる。カメは人間のように長生きしている。私たち人間の特異性は、遺伝的基礎の上に築かれた文化的特質のうちにあるのだ。話し言葉、芸術、道具を操る技術、農業――私たちの力とは、こうした文化的特質から授けられたものなのである。

ただ、ここでとどまってしまえば、私たちの特異性は一面的で、自己満足な見方に終わってしまう。考古学の研究から、実は農業の発明はいいことずくめではなく、少数の人間に恩恵をもたらす一方、大勢の人間が深刻な苦しみにさいなまれたことが明らかになっている。そして、私たちがもつ暗い特質はこれだけではない。薬物乱用はそうした特質のひとつであり、たとえば中毒性の薬物にふける傾向などは人間にとって害しかもたらさない。とはいえそれは、種としての人間の生存を脅かすものではないのは確かだ。人類を真に脅かしているのは、第4部と第5部で説明する私たちのあと二つの文化的な習性である。ひとつがジェノサイド（大量虐殺）であり、ある集団に属している人びとをことごとく殺し尽くす。もうひとつは他種の大量絶滅であり、環境破壊を決まってともなうが、その環境とは人間が暮らしていく場所でもあるのだ。こうした特質に私たちは居心地の悪さを感じるばかりである。これらの特質は一時的に生じた異常な暴発なのか。それとも、これは私たちが誇らしげに胸を張る人間性そのものの基本をなしている特質なのだろうか。

善しあしはともかく、人にうかがえるこれらの特質は無から生じてくるようなものではない。だから、それぞれの特質について、私たちはこう問いかけてみる必要がある。動物世界のどのような行動が、人間のこうした特質を引き起こしたのか。私たちの系統樹でこの特質の出現と進化をたどることはできるのだろうか。次の四つの章では、こうした特質をめぐる以上の問いを検討している。言語、芸術、農業、薬物乱用など、これらの特質は高貴なものであると同時に、諸刃の剣でもあって、いささか破壊的な面ももちあわせている。この第3部は、ほかの惑星に住む知的生命の探索の検討と、そして、この地球に住むキツツキの進化の研究から宇宙にいる生命体についてなにを学べるか、それを示して締めくくることにしよう。

第6章

言葉の不思議

私たちがどんなふうにして人間という特異な存在になったのかを知るうえで、言葉の起源は揺るがせにできないミステリーだ。言葉によって、私たちはほかの動物よりもはるかに正確にお互いの意思を伝えあうことができる。仲間で計画を練ったり、双方で教えあったり、他人がほかの場所や過去に経験したことでも、そこからなにかを学びとることができるのだ。人類の歴史において、新たな行動様式を私たちが発明する能力がついに現れた段階、つまり「大躍進」が可能になったのは、今日、私たちが知っている話し言葉が発達したことによるのだ――私はそう考えている。

タイムマシンがあれば

動物も意思は交わしているが、ヒトの話し言葉と動物が発する音声とのあいだには、埋められそうにもない大きなギャップが横たわっている。人間はこの橋渡しできそうにもない隔たりを、どのようにして埋めたててきたのだろうか。私たちはヒトの言語をもたない動物から進化してきたのだ。だとすると、人間の言葉もまた頭蓋骨の形、道具を作り、芸術を生み出す能力といったヒトがもつほかの特徴とともに時間をかけながら進化を重ねてきたにちがいないはずだ。

あいにくなことに、頭蓋骨や道具、芸術などの起源に比べると、言葉の起源をたどることははなはだ難しい。話し言葉は口にしたとたんに消え失せてしまう。タイムマシンがあれば、太古のご先祖のキャンプ地にテープレコーダーを置きにいけると、よくそんな空想にふけってしまう。たぶん、数百万年前のアフリカに生きていた猿人のアウストラロピテクスは、チンパンジーとあまり変わらないうなり声を立てているのを私は発見しているかもしれない。おそらくホモ・エレクトゥスはそれとわかる数語の単語を口にしていたのだろうが、それから約一〇〇万年後には二語からなる文を発するまで発達していた。大躍進が始まる前、ホモ・サピエンスはこれよりもさらに長い言葉を使えたのだろうが、しかし、その言葉はこれという文法は備えておらず、現代の話し言葉の条件をすべて備えた言語にまで発達したのは、大躍進のあとになってのことだった。

そんなタイムマシンが手に入る見込みがまったくなければ、ではどうやって言葉の起源をたどっていけばいいのだろう。最近になり急速に発展した二つの研究の成果によって、動物の音声とヒトの言葉のギャップに橋をかけ渡すことができるかもしれない。

この言葉の橋について、はじめに動物たちの側から見ていくことにする。その研究に欠かせないのが野生動物の音声だ。叫び声、鳴き声、うなり声やその他の声など、動物が仲間とのあいだで意思を交わす際に発している声である。動物がいかにして自分たちの言語を発達させてきたのか、この事実に私たちはようやく気づきはじめた。

それに続いて、この言葉の橋を人間の側から検証しよう。現存するヒトの言葉という言葉はどれも動物の音声など足元におよばないほど進化しているように思える。だが、ヒトの言語もある部分においては、言語の発達段階におけるごく初期の段階の手がかりとなるかもしれないのだ。

ベルベットモンキーの声を聞いてみると

鳥はさえずり、犬はほえている。ほとんどの人が、毎日の生活のなかで動物の鳴き声を耳にする機会に接している。動物の鳴き声に関する理解が一気に進んだのは、野生の動物の声を録音できる高品質のレコーダー、鳴き声の微妙な違いを解析できるソフトウェア、採録した声を動物たちに聞かせてその反応を調べるといった、新しい機器や手法が開発されたおかげだ。そして、こうした研究からわかったのは、動物の音声コミュニケーションは、半世紀前に考えられていた以上にはるかにヒトの言語に近いということだったのである。

「動物の言語」に関して、これまでおこなわれた実験のなかでも、もっとも精巧をきわめていたのがベルベットモンキーの研究だ。ベルベットモンキーはアフリカではごく普通に見られる猫ぐらいの大きさをしたサルである。野生のベルベットモンキーは、サバンナや降雨林の樹上でも地上でも暮らしていける。そして、ほかの動物と同じように、ベルベットモンキーもまた効果的なコミュニケーションを使うことで、生き延びていける状況に毎日のように直面している。

ベルベットモンキーの死因の四分の三は捕食者によって引き起こされている。もし自分がベルベットモンキーだったとすれば、このサルを捕食する筆頭であるゴマバラワシと、ゴマバラワシとだいたい同じ大きさのコシジロハゲワシの違いを見分けることは死活問題になってくる。コシジロハゲワシの場合、食べるのは死骸なので生きているベルベットモンキーにはまったく危害はおよばないが、ゴマバラワシの姿が見えたらただちに身を守り、親戚にもそれを教えなくてはならない。相手の存在に気がつくのが遅れれば死んでしまうし、親戚に教えることができなければ、自分と同じ遺伝子を備えている親戚もまた死んでしまうのだ。また、本当はコシジロハゲワシなのにゴマバラワシと勘違いしてしまえば、樹上から逃げおりてくるために手間がかかるので、その間にほかのベルベットモンキーによってゆうゆうとエサを横取りされてしまうことになる。

ベルベットモンキーの場合、捕食者の問題のほかにも、お互いに複雑な社会関係を結んでいる。群れになって生活して、よその群れとなわばりをめぐって争う。もしも、自分がベルベットモンキーだとすれば、熟知しておく必要があるのは、相手がよその群れから侵入してきたベルベットモンキー、つまり自分の食べ物を横取りしかねない自分の群れ以外の個体か、それとも自分を助けてくれる親戚のベルベットモンキーかどうかの違いだ。トラブルに巻き込まれたときには、自分がいま大変な状態であることを伝えられるようにしておかなくてはならないが、それは親戚に対してであり、ほかの群れのサルではない。また、どこに行けば食べても毒にはならない果実や種子が見つけられるのか、こうしたニュースを知るにも親戚は役に立つ。

行動様式を研究した結果、ベルベットモンキーは捕食者について具体的な情報を交わしあっていることが明らかになった。ヒョウやその他の大型の野生の猫に出会うと、雄のベルベットモンキーは大きな声で続けざまに鳴き、雌は「キイキイ」と甲高い声をあげる。そして、その声が聞こえる範囲にいたベルベットモンキーは残らず木の上へと駆けのぼる。頭上にゴマバラワシの姿を認めると、二音節からなる、咳き込むような短い声をあげ、この声がするとほかのベルベットモンキーは空を見上げて灌木のなかへと逃げ込む。ニシキヘビや毒をもつほかの危険なヘビの場合は、「チチチチ」という警戒の声をあげ、その声にほかのサルはうしろ足で立ち上がり、下を向いてヘビを探そうとする。

ベルベットモンキーがもつ語彙はもちろんこの三つの音声だけというわけではない。このほかにも、ヒヒやジャッカル、ハイエナ、人間の姿を認めたときに発するかすかに警戒を帯びた声もある。また、あえぐような声を互いに交わしあうときもある。このあえぎ声は、ベルベットモンキーの音声の研究に数年かかわってきた科学者でさえどれも同じように聞こえる。だが、電子的な手法で解析してみると、群れの順位のなかで自分よりも優位なもの、劣位の相手と対した場合、ほかのサルを見ている場合、ライバルの群れの様子を見ている場合に応じて違っていたのだ。

では、ベルベットモンキーのこうした鳴き声は、ほかのサルに対して意思を伝えようとする目的で発せられたと、どうしてそう判断できるのだろう。ホラー映画を観ている人が、周囲に聞いてくれる相手が誰もいなくても、それでも「キャー」と叫ぶように、ベルベットモンキーも恐怖

子どもを連れた雌のベルベットモンキー。自分の子どもがそばにいると、母ザルは仲間といるときに比べて、しきりにヒョウなどの捕食者に対する警戒の声をあげる。

や警戒の音声が単に口をついて出ているのではないのだろうか。しかし、ベルベットモンキーが互いに意図してコミュニケーションを図っていると考えられる理由がいくつか存在している。

証拠のひとつは、ほぼ一時間近くにわたってヒョウに追いかけられつづけた一頭のベルベットモンキーを観察した例で、そら恐ろしい苦難のこの間、このサルはまったく声をあげることはなかった。周囲にはほかのサルはおらず、コミュニケーションのとりようがなかったからである。もうひとつは、ベルベットモンキーの母親は、血縁関係のないサルといっしょのときよりも、自分の子どもといっしょにいたほうがしきりに警戒の声をあげていたという証拠である。そして、決定的なのは、二つの群れがけんかをしているとき、劣勢の群れから、ヒョウなどいないにもかかわらず、「ヒョウの声」があがることがあるのだ。その声にサルというサルが一目散に木の上へと逃れていく。けんかを中断させるニセの「時間切れ」の判定である。さらに、人間の子どもがするように、ベルベットモンキーの子どもも鳴き声の出し方や、声に対する反応のしかたについて学んでいるようでもあるのだ。若いベルベットモンキーの〝発音〟がだんだん上手になっていくにしたがって、さまざまな声に対する反応もまた上達していく。

ベルベットモンキーが発している音声は〝単語〟なのか、それとも〝文〟なのだろうか。つまり、「ヒョウの声」が意味しているのは、「ヒョウ」であるのか、それとも「あそこにヒョウがいる」であり、あるいは「あのヒョウから目を離すな」とか「木に登ってあのヒョウから逃げよう」という意味なのだろうか。おそらく、こうした意味のすべてがひとつに結びついているのだろう。私の息子のマックスが一歳のときだった。「ジュース」と口にしたひと言に私は胸が高鳴ったことがある。息子がしゃべった最初の単語だと私は誇らしく思っていたが、息子にしてみればそれは「ジュースをちょうだい」を意味していた。マックスの場合、もっと大きくなると「ジュース」にさらに音節を加えていくことで、単なる単語から純然たる文との違いを示すようになっていった。ベルベットモンキーがこの段階にまですでに達しているという証拠はまったくない。

〝言葉を話す〟類人猿

類人猿はベルベットモンキーよりも、私たちヒトの近縁にあり、彼らもまた音声を発している。しかし、野生のチンパンジーやそのほかの類人猿の場合、野生のベルベットモンキーのコミュニケーションの研究よりも格段に調査が難しい。類人猿のテリトリーははるかに広いからである。捕獲状態にある類人猿の研究では、野生にある類人猿の群れとまったく同じ集団を再現することができない。そんな理由があって、類人猿が自然の状態でどのような「言葉」を使っているのかという研究はようやく始まりかけたばかりだ。しかし、別な手法によって、類人猿のコミュニケーション能力についてはある程度のことがわかってきている。

何組かの科学者たちが数年がかりで、飼育下にあるゴリラ、コモンチンパンジー、ボノボに人工的な言語を教えてきたのだ。その際に用いられたのが、言葉のかわりにその意味を表している、いろいろな色や形をしたプラスチックの板だった。耳の不自由な人が使っているものを基にした手話や、それぞれのキーに記号がついたキーボードも使われた。こうした方法を通じ、類人猿たちは数百語におよぶ記号を学んでいった。少なくとも一頭のボノボは人の話す言葉をずいぶん理解していたが、しかし、このボノボが言葉を口にすることはなかった。これらの研究からも明らかなように、類人猿には多くの言葉を学習する知的な能力が備わっている。

類人猿の声道の構造では、人間のようにたくさんの母音や子音を発声できない。そんなことから、類人猿の語彙は私たち人間ほど豊かになることはないだろう。しかし、ベルベットモンキーと比べれば、語彙の点ではゴリラやチンパンジーのほうが多いと私はにらんでいる。類人猿ならもしかしたら、個々の名前を含め、数ダースの〝単語〟くらいは使いこなせるのかもしれない。新しい知識がみるみる積み重なっていく心躍る分野である。類人猿とヒトのあいだに横たわる語彙のギャップについては、どうやら先入観などもたずにいたほうがいいようだ。

◉かみついたのはどっち

ヒトは意味が異なる数千の語彙をただもっているというだけではない。私たちは、文法の規則や単語の順序を決めるルール、つまり構文（シンタックス）の規則にしたがって、これらの単語を組み合わせたり、その形を変えたりして使っている。文法があるおかげで、有限の単語から無限の文章を生み出すことができる。

構文がいかに重要かは次の二つの文章で考えてみよう。いずれも使われている単語は同じだが、単語の並べ方が違っている。

「腹を空かせたあなたの犬が年老いた私の母親の足にかみついた」
「腹を空かせた私の母親が年老いたあなたの犬の足にかみついた」

もし、ヒトの言語に文法上のルールがなければ、この二つの文章はまったく同じ意味を表すことになってしまうだろう。大半の言語学者（言葉とその構造の仕組みを研究する人たち）が、動物の発する音声が言語ではないと見なすのは、どれだけたくさんの語彙をもっていようと、文法上の規則がともなっていないからなのである。

文法をもつ動物は存在しないのだろうか。これまでのところベルベットモンキーの鳴き声からは、構文らしきものは発見されていない。オマキザルとテナガザルは、確かにある種の組み合わせや、あるいは順序に限って使われる鳴き声をもっているようだが、しかし、それがなにを意味するかはまだよくわかっていない。最近の発見のなかには、フィンチやおそらく何種かの鳥の鳴き声に構文が使われているかもしれないという報告もあったが、さらに詳しい調査が必要だろう。

動物のなかでもっとも文法を使っていそうなのが野生のチンパンジーだ。だが、そうであっても、チンパンジーの文法は、ヒトの文法がもつ複雑さに遠くおよばないと考えられている。ヒトの文法には前置詞があり、動詞の時制は過去、現在、未来を示し、ほかにもたくさんの構造をもっている。構文をもつまで進化した動物がいるのかどうか、この問題についてはいましばらく決着がつきそうにもない。

ヒトの側から言葉の橋を渡す

動物とヒトのコミュニケーションのあいだに開いたギャップは確かに大きく隔たっているが、研究者はこのギャップの橋渡しをするために動物の側から理解を積み上げている。この橋について今度はヒトの側からたどってみることにしよう。動物がもつ複雑な「言語」を私たちはすでに発見してきた。そして、文字通りの原始的なヒトの言語はいまだに存在しているのだろうか。

原始的な言語がどんなものだったのかを理解するため、普通のヒトの言語とベルベットモンキーの音声がどのように違うのかそれを考えてみよう。違いのひとつは、ヒトの言語には文法、つまり言葉をどのように使って文章を組み立てていくのか、それを調整するルールがある。二つ目に、ベルベットモンキーの音声は、たとえば「タカ」あるいは「タカに注意しろ」などのように、目に見えるものや行動に移すことができるものを表しているという違いだ。しかし、ヒトの言語がもつ単語の半分近くは、「そして《アンド》」「なぜなら《ビコーズ》」「はずだ《シュッド》」などのような言葉で、目に見えたり、行動に移せたりできるような物事について表現している言葉ではないのだ。

三番目の違いはヒトの言語は階層的な構造をもっている点だ。ヒトの言語は音、音節、単語、句、文章といった異なるレベルで構成されている。下のレベルの上に次のレベルがそれぞれ構成されていて、下よりは上のレベルのほうが大きい。最下位のレベルは数十個の音からできている。その次のレベルでは、こうした音が組み合わさって千差万別の音節が作られる。次に音節が結びつくことで何千という数の単語が生まれるわけだが、これらの単語が文法規則にしたがって句へと連なっていく。それから句は連結して、どこまでも組み合わせ可能な、膨大な数の文章を作っていくのだ。

書かれた言語として最古のものは約五〇〇〇年前にさかのぼる。複雑さにおいて、今日使われている言語と変わりないことを考えれば、ヒトの言語はずっと以前に現代の言語と同等のレベルの複雑さに達していたはずだ。となると、言葉が進化してきた初期の段階が明らかになるような、単純な言葉を現代でもなお使っているような人たちはいまでも存在しているのだろうか。

その答えは「ノー」だ。現代において狩猟採集をしている人びとや産業革命以前の生活を営んでいる集団には、いまも石器時代の道具を使っているところ、あるいはつい最近まで使っていたところが存在している。しかし、そこで交わされている言語は、私たちの言語、あるいは五〇〇〇年前に書かれた言語と同じように今日的なものであり、同じような複雑さを備えている。ヒトの言語の起源を調べるには、もっと違ったアプローチがどうやら必要なようである。

新しい言語はどうやって誕生するのか

アプローチのひとつは問いを立ててみることである。つまり、十分に発達した言語を聞いたことのない人間は、原始的な言語を自分たちで発明することができたのだろうか。

実際、ほかの人びとから離れ、一人ぼっちで成長した子どもは、自身で言葉を発明したり発見したりすることはできなかった。しかし、現代の世界では、ある子どもの集団の全員が、極端に単純化された言葉——普通の子どもが二歳で話すのとよく似た言葉をしゃべる大人に囲まれ、そうした言葉を聞きながら育ってきたことならしばしば起きていた。この荒削りな言葉は「ピジン」と呼ばれる。ピジンを耳にしながら成長した子どもは、自分自身の言葉を発達させていったが、その言葉はベルベットモンキーの音声コミュニケーションよりもはるかに進化していて、複雑さの点でもピジンにまさっていた。だが、一般的な言語と比べるとずっと単純なものだった。次世代の子どもが発明したこうした言葉が「クレオール」と呼ばれるものである。

しかし、大人の集団がなぜ二歳の子どものような言葉を全員で話しているのだろう。ピジンができあがるのは、言葉を違える二つの集団が双方でコミュニケーションの必要に迫られた場合であり、世界の別の地域に住む人間が、別の領地に入植するとか、あるいは交易を開始するときなどである。それぞれの集団内では自分たちの母語が使われている。そして、別の集団の人間と意思を交わしあうとき、彼らはピジンを使っていた。こうした現象は、十九世紀のはじめごろ、英語を話す商人や船乗りがニューギニアの島を訪れたときに起きていたのだ。

当時、ニューギニアでは七〇〇を超えるさまざまな言葉が話されていた。英語を話す者とニューギニアの人たちの双方が、集団としてコミュニケーションを図るには、誰にでも話せる共通語、つまり双方が共有できる言葉がどうしても必要だった。そして、簡単な単語を使い、ピジンができあがっていく。やがて荒削りだったピジンが発達して、さらに進化したものが、現在、ネオ・メラネシアンと呼ばれているクレオールなのだ。ニューギニアでは今日でも日常語としてネオ・メラネシアンが広く話されているばかりか、多くの学校をはじめとして新聞や放送、政府活動の場でも使われている。

ピジンはどうやってクレオールに変化していくのだろう。それを知るために、ピジンがどんなふうに機能しているのか、その点から見ていくことにしよう。普通の言葉に比べ、ピジンは音や語彙、構文の点で貧相である。初期段階のピジンを構成するのは、もっぱら名詞、動詞、形容詞で、文法と言えば通常、会話は単語の短い羅列にすぎず、語順や語形の変化に関する規則もなく、あったとしてもごく限られている。言語としてはまったくなんでもありで、話し手それぞれがめいめい異なる方法でピジンを使っている。

大人たちがたまに口にするだけで、普段は母語を使っていれば、ピジンは荒削りなままで変わらない。しかし、ひとつの世代全体がピジンを母語として使い、労働や交易だけでなく、あらゆる社会的な用事のためにこの言葉を使いはじめるようになると、ピジンはクレオールに進化していく。クレオールは語彙も豊かで、文法もはるかに複雑だ。
この新しい文法について、権威筋がこまごまとした規則を設けることさえないまま、ピジンはさらに拡張してますます確かなものになっていき、ついにはクレオールへと変わっていく。普通の言葉に比べれば、クレオールは単純な言葉だが、どんな考えでも表現できるという点ではほかの言葉と変わるところはない。これがピジンだと、少しでも複雑なことを口にしようとするなら悪戦苦闘は避けられないのである。

◉ハワイの子どもたちが作った言葉

十九世紀末、ハワイのサトウキビ農園では、アメリカ人の農園経営者によって、中国やフィリピン、日本、韓国、ポルトガル、プエルトリコから労働者が集められた。混沌をきわめた言語のなかから立ち現れたのが、英語を基にしたピジンだった。移民労働者は出身国の仲間とは母国語で話を交わしていたが、よその国からの集団とはピジンを使ってコミュニケーションがおこなわれていた。

Me cape buy, me check make.

例にあげたこのピジンは、ハワイの移民たちのあいだで一九〇〇年ごろに話されていた。capeは「カーピー」と発音して、ピジンで「コーヒー」の意味だ。この例文は、まったく別の二つの意味にとることができる。「彼が私のコーヒーを買って、彼が私に小切手で払わせた」と「私がコーヒーを買って、私が彼に小切手で払わせた」。会話をしている当人たちは、そのときほかになにが言われ、なにをしていたかに頼りながら、会話の内容を判断しなくてはならなかった。

農園で働く労働者は、コミュニケーションがどんなに限られていようと、使っているピジンを改良しようとはしなかった。しかし、ハワイ生まれの移民の子どもにはこれは問題だ。子どものなかには家でもピジンを聞いていたが、それは両親が別々の民族集団の出身だったからである。家庭で両親ともに同じ母語で話している場合でも、子どもはその家庭言語を使って、ほかの民族集団の子どもや大人とは話をすることができない。さらに、社会的な障壁があり、移民労働者の子どもは農園主のアメリカ人とつきあうことがないので英語を覚える機会にも恵まれてはいない。

そこで移民の子どもたちは、制限のあるピジンを一世代のあいだに本格的にクレオールへと拡張させていった。その経過は、一九七〇年代にハワイの労働者階級をインタビューした研究者の手によって記録されている。老人たちは自分が若いころに周囲で交わされていた言葉、習い覚えた言葉をまだ使っていたので、ピジンがクレオールへと変化していく際、どのような段階を経ていったのかを突き止めることができたのだ。そして、クレオール化が一九〇〇年前後に始まり、一九二〇年までには完成していたのを研究者は明らかにした。

クレオールによって、ハワイの若者がこみいった考えを表明できるようになったのは、文章の意味が単一のものに特定されていたからである。たとえば、

Da firs japani came ran away from japan come.

という文章が意味するのは、

The first Japanese who arrived ran away from Japan to here.

(最初に到着した日本人は日本から逃れてここにきた)

One day had pleny dis mountain fish come down.

という文章の場合はこうなる。

One day there were a lot of these fish from the mountains that came down [the river].

(ある日、山から川をくだってきたたくさんの魚がいた)

ハワイの子どもたちは話すことを学びつつ、ピジンからクレオールを作り出していった。コミュニケーションが重ねられていく一方で、文法もまた進化していく。そうしてできたのが、英語とも異なり、また労働者が口にする言葉ともまったく違う独自の言葉だったのである。

言葉の青写真

ピジンが誕生してクレオールへと変わっていくことは、言葉の進化に関する自然発生的な実験なのである。南アメリカからアフリカ、さらに太平洋の島々にかけ、少なくとも十七世紀から二十世紀の期間にかけて、現代の世界で何度となく展開されてきていた。

言語をめぐるこうした実験の結果は、どれも驚くほどよく似通っていた。多くのクレオールがこれという確かな特徴を共有していて、たとえば文章は主語、動詞、目的語の順で置かれていた。まるでよく切ったトランプから一二枚のカードを五〇回引いて、ハートとダイヤを絶対に引くことなく、しかし、クイーン一枚、ジャック一枚、エース二枚がかならず入っているようなものである。地域と時間の点ではきわめて多様な違いがありながら、クレオール同士はどうしてこうも似ているのだろう。

もっとも納得のいく説明だと私が考えるのは、ある言語学者たちが示唆しているひとつの説である。この言語学者たちは、ヒトは子供期のあいだ、言語を学習するための遺伝的青写真を共有していると考えている。つまり、遺伝子によって、私たちにはあらかじめ言語構造の大半が組み込まれているのだ。クレオールの文法で何度も目にしたパターンを生み出しているのが、このような生来の言語構造なのだろう。それを基盤に、人びとは言葉の世界をすみずみまで発達させていき、時間をかけてきわめて多様性に富むものへと築き上げていくことができたのである。

ではここで、ヒトの研究と動物の研究をひとつにまとめ、私たちの祖先がどうやってうなり声をシェイクスピアのソネットへと発展させていったのか、それを一枚の絵に描いてみることにしよう。最初の段階は、ベルベットモンキーの例で見たように、具体的な意味を伝える動物の鳴き声だ。この鳴き声の次の段階がよちよち歩きのヒトの幼児にうかがえる単一の単語である。ただのうなり声ではなく、母音と子音の組み合わせによって作られた単語だ。この組み合わせによって、ほかにも多数の単語を作り出すことができる。

これに続くステップは二歳の子どもに現れている。どのような人間の社会であれ、子どもは二歳になると、一語の単語の発声から、二語の組み合わせ、それ以上の組み合わせへと自発的に進んでいく。しかし、こうした発声はまだ単語を単に並べただけにすぎず、文法はまったくともなっていない。単語も名詞、動詞、形容詞にとどまる。二歳児の単語の羅列は、ピジンの初期段階、または記号の使い方を学んだ類人猿が並べる単語の組み合わせに似ている。

ピジンからクレオールへ、あるいは二歳児による単語の羅列から四歳児が作る完全な文章へという変化は、なみなみならぬ大きなステップだ。このステップで、接頭辞、接尾辞、語順といった文法上の要素が加わる。また、「そして《アンド》」「する前に《ビフォー》」「もしも《イフ》」といった、現実世界の具体的な事物には言及しないかわりに、文法的な働きをもつ単語もこのステップで加わる。この段階を迎えて、単語は句や文章へと整っていく。おそらく、大躍進の引き金となったのが、この巨大な一歩だったのだろう。

人間のコミュニケーションと動物のコミュニケーションは、かつて埋めようのないギャップで隔てられていると考えられていた。しかし、現在、私たちはそれぞれの岸から架けられた橋の一部を特定したうえに、ギャップのあいだに置かれた足がかりの踏み石さえ見つけ出した。ヒトのもっともユニークで重要な特徴である言葉——その言葉が、動物の世界にいたヒトの祖先からどのように発生したのかについて、私たちの理解はようやく始まったのである。

第7章

芸術の起源

芸術家たちはひと目見るなり、シリの絵をほめたたえた。「ある種の才能と決意の深さ、そして独創性をもっている」と画家のウィレム・デ・クーニングは評価した。高名な画家として、また絵画の研究家として大学でも教えているジェローム・ウィトキンは「この絵には感情の本質をなすものの正体がとらえられている」と語った。

さて、シリというこの注目の新進画家の正体は誰なのだろう。絵の様子から、画家は女性で、東洋の書道に関心を寄せているとウィトキンはにらんだ。しかし、ウィトキンが知りえなかったのは、この女流画家の身長は二・五メートル、体重にいたっては四トンもあるという事実だった。シリはアジアゾウ、その鼻で鉛筆をつかんで絵を描いていた。

ゾウの標準からすると、シリは決して特別というわけではない。野生のゾウは鼻を使い、砂の上に絵を描くような動作をしばしばおこなっている。飼育されているゾウも、棒や石をつかんで地面になにかを描くような仕草をすることが少なくない。キャロルという名の飼育下にあるゾウが描いた絵は数百ドルで売れ、何人もの医者や弁護士のオフィスの壁にかかっている。

芸術はもっとも高貴で、人間のユニークな特徴だと考えられている。言葉と同じように、なにはともあれ、これで人間と動物のあいだには一線が引かれる。しかも、言葉は有用な目的のために使うものだが、芸術には明らかな機能さえ存在せず、その起源は崇高な謎ですらあるとされている。

ゾウのシリとヒトの芸術家には大きな違いがある（ひとつには、シリは自分のメッセージをほかのゾウに伝えようとしているわけではない）。とはいえ、それは肉体的な活動としては同じで、生み出した産物は専門家でさえ、ヒトの芸術家の手になるものと区別はできなかった。さらに、ゾウに見られるような動物の芸術的活動について考えてみるのは、ヒトの芸術がそもそもどう機能しているのかを理解するうえで手がかりになるのではないだろうか。

芸術とはなにか

真の芸術は人間特有のものであると言うなら、一見すると人間の芸術作品とよく似た動物の産物のあいだには、いったいどのような違いがあるのだろう。人間の音楽と鳥のさえずりとはどこで線引きされるのだろうか。ヒトの芸術と動物の行動の違いについては、これまで次の三つの点から言いつづけられてきた。

まず、芸術には有用な目的がない――つまり、芸術はなんの役にも立たないという意味だ。生物学者が言う「有用性」とは、生存や遺伝子の継承に役に立つことを意味する。芸術にはこうした機能がないという主張である。これに対して、鳥のさえずりは求愛やなわばりを守ることに役立ち、その結果、次世代に遺伝子を伝えることにつながっていく。

二番目の主張は、芸術は審美的な喜びを満たすためのもの、つまり美しさを鑑賞するものであるという点だ。「様式や美的価値をもつものを作り出したり、おこなったりすること」と辞書は芸術の意味を定義している。マネシツグミ（モッキングバード）やサヨナキドリ（ナイチンゲール）に向かって鳴き声の様式や美的価値を楽しんでいるかと聞くことはもちろんできないが、見逃せないのはさえずりがおもに繁殖期におこなわれている点である。彼らがさえずるのは審美的な喜びのためではなく、交配の相手を探すためであり、なわばりを守るために鳴いている。

三番目の主張は、芸術とは教えられたり、学んだりするものであり、遺伝子によって受け継がれていくようなものではないというものだ。人間の集団はそれぞれ独自の芸術様式をもっていて、その様式は学んで得られるものであり、遺伝によるものではない。たとえば、東京とパリで歌われてきた伝統的な曲は簡単に聞き分けることができる。しかし、曲の違いは私たちの遺伝子に書き込まれているのではない。フランス人も日本人も習えば、お互いの曲を歌うことさえできるのだ。それにひきかえ多くの鳥類は、種特有の歌をさえずり、さえずりにどう反応するかを遺伝的に知っている。さえずりを一度も聞いたことがない、あるいは他種の鳥のさえずりしか聞いていなくても、いずれの鳥も自分の種の歌をまちがいなく歌いはじめる。

以上の三つの主張を念頭に置いたうえで、動物の芸術に関する例をさらにいくつか調べてみることにしよう。

類人猿の芸術家たち

私たち人間の芸術は、シリやキャロルが描いた絵とはかなりかけ離れたもののようである。進化の点からすれば、ゾウはやはり人間の近縁ですらないのだ。霊長類のヒトの親類の手になる芸術はどうなのだろう。

飼育下にあるゴリラ、チンパンジー、オランウータン、さらにはサルもまた、指や筆を使った絵や、鉛筆、チョーク、クレヨンを使った絵などの芸術作品を生み出してきた。コンゴと名づけられたチンパンジーは、一日に三三枚の絵を描き上げた。自分の満足のために描いていたはずであるのは、絵をほかのチンパンジーに見せようとしなかったからであり、筆をとりあげられるとかんしゃくを爆発させていた。コンゴとベッツィーというもう一頭のチンパンジーは、一九五七年にロンドンで作品展を開くという栄誉に浴すると、その翌年、コンゴは個展を開催している。展覧会に出ていた二頭の作品はほぼ完売した（もちろん買い手は人間）。これだけの快挙を果たした人間の画家もそうはいないだろう。また、別のチンパンジーが描いた絵が、人間の画家の展覧会にこっそりと展示されたことがある。チンパンジーが描いたとはつゆ知らない評論家は、この絵を大絶賛していた。

児童心理学者のもとに、ボルチモア動物園のチンパンジーが描いた絵がもちこまれ、描き手の心の問題について診断するように求められたことがある。書き手の正体は明かされていない。三歳の雄のチンパンジーが描いた絵を児童心理学者は、絵は七歳から八歳になる男の子のもので、攻撃的な性格の持ち主だと診断した。また、一歳になる雌のチンパンジーが描いた二枚の絵については、精神的な病気を抱えた、ともに一〇歳の二名の少女だと判断している。心理学者はいずれも性別を正しく言い当てていた。誤っていたのは、どのような種の生き物が絵を描いたのかという一点である。

私たちの近縁の親戚が描いたこれらの絵は、ヒトの芸術と動物の行動のあいだに引かれた線をあやふやなものにする。人間のように、チンパンジーの絵もこれという目的のために描かれたものではない。いずれも自分の満足のために生み出されたものだ。しかし、だからといって類人猿とヒトの芸術のあいだの類似性を言い張るには、ひとつ問題が存在している。類人猿が絵を描くのは、飼育下にある動物がおこなう不自然な行為にほかならない。野生状態では起こりえないことなのだ。

類人猿が絵を描くことは自然の行動ではないので、芸術の起源を動物に求められないと反論することはできるだろう。それならば、今度は自然な行動という点に光を当ててみることにしよう。アズマヤドリの行動だ。この鳥はあずまやを作るのである。ヒト以外の動物によって作られ、飾り立てられた構造物のなかで、これにまさるほど洗練された建物は存在しない。

絵の仕上げをするチンパンジーのコンゴ。チンパンジーだけでなく動物のなかには、美術専門家さえうなるような作品（時にはだまされることもある）を生み出すものがいるが、こうした動物はいずれも飼育下に置かれている。野生のチンパンジーで芸術作品を作った例はこれまで観察されていない。ただ、彼らのもっとも近縁の親戚である私たち人間は、チンパンジーの作品に大きなプライドを抱いている。

◉最古の芸術

人類がチンパンジーから分かれて約七〇〇万年、最初の六九六万年を私たちは芸術とは無縁に生き抜いてきた。初期の芸術はおそらく木彫りやボディーペインティングだろうと思われるが、それがよくわからないのは、こうした造形は化石として残らないからである。化石として今日まで伝わり、ヒトの芸術ではないかと思わせる最初のものに、ネアンデルタール人の遺骨の周囲に残されていた花（手向《たむ》けの花なのだろう）と、そのキャンプから発掘された削りあとがかすかに残る動物の骨がある。花が意図して置かれたものか、骨の傷もわざとつけられたものかどうかは判明していない。これらは芸術かもしれないし、単なる偶然の結果、そうなったのかもしれない。

これが最初の芸術だというまぎれもない証拠は、六万年前の西ヨーロッパに住んでいたクロマニヨン人のものである。数多くの証拠が残されていて、そのなかには彫像、ネックレスのほか、フルートやそのほかの楽器などがある。なかでも一番有名なのは、フランスやスペインの洞窟の壁に残されていたたくさんの絵だろう。多くの洞窟に動物の絵が描かれていたが、現在ではすでに絶滅した動物の姿もあった。

美的評価とアズマヤドリ

「あずまや」についてなにも聞いていなければ、最初にこのあずまやを見たとき、これは人間が作ったものだと私も思ったかもしれない。十九世紀にここを訪れた探検隊がそうだった。

その日の朝、私はニューギニアのある村を出発した。円形に建てられた小屋、花壇の花は列を乱すことなく咲いて、村人は鮮やかなビーズをまとっている。突然、ジャングルのなかで美しく編み込まれた丸い小屋に出くわした。直径は二メートル四〇センチ、高さは一メートル二〇センチ、入り口は子どもなら入っていけそうな広さは十分にある。

小屋の前には緑のこけが芝生のように広がり、ここを飾り付けようと意図して置かれたと思われる何百の自然物を除けば、いずれもきちんと片付けられていた。置かれているのはおもに花や果物や葉であり、キノコや蝶の羽根もいくつか交じっている。赤い果物の横に赤い葉といったぐあいに、同色のものはひとつにまとめられている。なかでも一番大きな飾りは、入り口に向かって高々と積み上げられた黒いキノコの山で、それから数メートル離れた場所にはオレンジ色のキノコの山があった。青いものはことごとく小屋のなかに置かれていた。

この小屋は子どもの遊び場ではない。カケスぐらいの大きさの鳥、アズマヤドリが建てて飾り立てた小屋である。アズマヤドリはニューギニアとオーストラリアにしか生息していない。種は一八種で、どの種の雄もあずまやを建てるが、その目的はひとつ。雌への求愛である。小屋を建てることは家族生活への雄の貢献なのだ。交配を終えてしまえば、巣は雌が作ってヒナを育てるが、雄のほうは一羽でも多くの雌と交尾しようと試みている。

雌のほうはといえば、よくグループになって近所にできたあずまやをめぐり、こまごまと視察したうえで交尾する相手を選んでいる。選択の基準となるのは、その雄が建てたあずまやの善しあしや装飾品の数、土地ごとで異なる建築のルールをどこまで満たしているかなどである。アズマヤドリには、装飾品の色でも青を好む種がいれば、ほかに赤、緑、灰色を好む種がいる一方で、あずまやではなく、一本もしくは二本の塔、あるいは二列の塀を並べた通りや四方に壁をめぐらせたボックス型のものを建てる種もいる。さらに、つぶした葉や、そうでなければ自分の体から分泌した脂をあずまやに塗る集団もいる。

こうした地域ごとの差は、アズマヤドリの遺伝子に組み込まれているものではないようだ。そうではなく、若い鳥は、大人の鳥を見ながら大きくなっていく。そうやって若い鳥は、その地域特有の装飾の正しいしかたを学習している。雌もまた相手を選べるように、同じことを学習しているのだ。

しかし、青い実であずまやを飾っていた雄を選んだからといって、雌のアズマヤドリにはいったいどんなメリットがあるというのだろう。

動物には、異なる一〇匹の交配相手に一〇匹の子どもを産ませ、生き延びることができそうな子どもを一番多く産んでくれるのは誰かと、そうした選択にいちいち時間をかけていられる余裕

アズマヤドリが作る手のこんだ「あずまや」はみごとな出来ばえだが、この行為はある目的をはたすために進化して続けられてきたものだ。立派なあずまやを作ることで、雄は自分が交配相手としてふさわしい資質をもつことを雌に誇示できる。

はない。そこで動物は近道をしている。その際に頼る方法が求愛信号で、さえずりやマーキング、羽の誇示――あるいはあずまやの建設などの儀式化されたディスプレイなどがある。こうした求愛信号が優れた遺伝子を表すシグナルであるのかどうか、また、なぜ優れた遺伝子を表すシグナルとなっているのかという点に関しては、動物の行動を研究する学者のあいだでも激しい議論が続いている。

　これについては、雌のアズマヤドリが立派なあずまやをもつ雄を見つけたら、それがなにを意味しているのかという点から考えてみることにしよう。雌にはこの雄の強さが伝わる。というのは、この雄が作ったあずまやは、雄自身の何百倍もの重量があり、それを飾り付けるのに必要な材料は、何十メートルも先から運んでこなくてはならないからだ。あずまや、塔、壁を作るには何百という数の小枝を編み込まなくてはならず、そうした技を使えるだけの器用さをもちあわせているのが雌には伝わる。これだけ複雑な仕事をこなせるのだから、この雄は頭がいいはずだ。ジャングルのなかで装飾に欠かせない材料を探せるのだから、目も記憶力もいいにちがいない。そしてこの雄は、ほかの雄よりも優勢であるはずだ。雄のアズマヤドリはほかの雄が作ったあずまやを壊したり、装飾を盗んだりすることに大半の時間を費やしている。壊されることなく、みごとに飾り立てられたあずまやのままでいられるのは、唯一勝ち残った雄だけなのである。

　というわけで、あずまや作りは雄の遺伝子を知るうえで、手抜かりのない試験になっている。雌のアズマヤドリはまるで、言い寄る求婚者たちを重量挙げコンテスト、縫い物コンテスト、チェストーナメント、目の検査、ボクシング大会へと追い立てて、勝ち残った雄を配偶者として選ぶようなものである。

それほど重要な目的を果たすために、かくも巧妙に芸術を利用するアズマヤドリは、どうやってそのような進化を遂げてきたのだろう。雌をくどく場合、鳥の多くは、鮮やかな体色やさえずりを誇示し、あるいはエサを贈り物にして自分の遺伝子がいかに優れているのかをほのめかしている。ニューギニアのゴクラクチョウはこれにとどまらず、ジャングルの林床の一画をきれいにしてから自分のみごとな羽を見せびらかせる。ある種のゴクラクチョウの場合、さらにこの上を行っている。きれいに清掃した地面に、雌の巣作りに役に立ちそうな材料が飾り立てられるのだ。たとえばヘビの抜け殻は巣の内張りのために、また雌が食べられる果物が用意されている。そして、アズマヤドリはすでに次の段階に進んでいた。その進化の過程において、アズマヤドリは、飾り立てる品々はかならずしも役に立つものである必要がないことを学んでいたのだ。有用性を欠いている装飾であっても、それが入手困難なものであるかぎり、優れた遺伝子の持ち主であることを雌に知らしめることができるのである。

芸術が担っている目的

アズマヤドリの話を念頭に置きながら、人間の芸術と動物の行動を区別できるという三つの主張について、ここでもう一度考えてみることにしよう。三つの主張とは、芸術は有用なものではない、芸術は審美的な喜びを満たすためだけのものである、芸術は学べるものであって生得的なものではない――というものだ。

あずまやのスタイルそして人間の芸術スタイルのいずれも遺伝的なものではなく、学んで得たものであり、その意味ではともに三番目の主張に一致する。ただ、審美的な喜びに関しては答えようがないだろう。アズマヤドリに向かって、あずまやを作ったり、目にしたりすることは楽しいかと確かめようはないからだ。これで残る主張はひとつ、本物の芸術は生物学的な点では、まったく有用ではないというものだ。これはあずまやの芸術には断じて当てはまらない。あずまやの芸術には、雄が交配相手を獲得することを助ける性的な機能をともなう。だが、そういうヒトの芸術は生物学的な機能をまったくともなっていないのだろうか。私たちの生存を助け、その遺伝子を伝えることに芸術は本当に役に立っていないと言えるのだろうか。

ダンスや音楽、詩を含め、芸術は相手を誘惑するためによく利用され、ロマンチックな関係の始まり、あるいは性的な活動の始まりでもある。これは芸術の直接的な利益だが、芸術は間接的な利益も持ち主にもたらしている。芸術によって持ち主の地位がひと目でわかり、ヒトや動物の社会においては、地位というものが食べ物や土地、配偶者を獲得する際の鍵となっている。芸術は才能であり、財産であり、その両方であると見なされる場合は少なくない。芸術家のなかには作品を食べ物に換えることができる者がいる。成功した個々の芸術家が作品を売って金銭を得るだけではなく、社会そのものが芸術の制作に携わり、食料を生産するほかの集団と交易することで社会の維持を図ってきたのだ。たとえば、ニューギニア沖合のシアッシ島の島民は耕作地の余裕もない小さな入り江に住んでいる。島民らは美しい鉢を彫り、これを求めるほかの部族に売って食べ物をあがなっている。

芸術は個人に利益をもたらすだけでなく、集団を自立させることにも役立っている。人間はいつも競合する集団を作ってきた。それぞれの集団において、個人は仲間の援助や保護に頼っている。つまり、その集団に属する男女にとり、結婚して子どもを産み、遺伝子を伝えていくには、集団は絶対に存続しなければならなかった。互いに協力して、まとまっていれば集団はますます生き延びていくことができる。互いの力を寄せあう能力、つまり結束力は集団固有の文化に依存していて、その文化には言語や宗教、そして芸術も含まれているのだ。言葉を換えれば、芸術は個人のアイデンティティーとともに、集団のアイデンティティーを高めることにもひと役買っているのである。

では、お金を得たり、配偶者を見つけたりするために芸術を使うのではなく、芸術をただ楽しんでいる人たちはどうなるのだろう。個人的な満足を満たすのがおもな理由なら、それはゾウのシリ、チンパンジーのコンゴとまったく変わらない。もちろん、芸術作品を作ろうとする行動は有用性を動機にして始まったかもしれないが、しかし、動物もひとたび生存を左右する問題がコントロールでき、暇な時間をもつようになると、もともとの行動がもっていた役割からはるかにかけ離れた行動をとるようになっていく。

個人や集団のために有用な利益をもたらすという理由で芸術が進化してきたとしても、あとになって芸術は別の目的を果たすようになっていった。こうした目的には、情報の表現（クロマニヨン人が獲物の動物を描いていたという説）、退屈をまぎらわす（飼育下にあるゾウやほかの動物には切実な問題）、鬱屈したエネルギーをほかに向ける（動物のみならず人間にも大きな問題）、単に喜びをもたらすなどがあげられるだろう。芸術が役に立つというのは、それは楽しみとは無縁だということではない。それどころか、芸術を楽しむように私たちがプログラムされていなければ、芸術は私たちのために、その有効な機能さえ果たすことはできなかっただろう。

ここまでくると、私たちの知るような芸術が、どうして人間特有のもので、ほかの動物には見られないのかという疑問にも答えることができそうだ。捕らわれの身にあれば絵を描いていたチンパンジーが、どうして野生では絵を描こうとはしないのか。その答えとして私が考えるのは、野生に生きるチンパンジーの日常は、食べ物を探すこと、生き延びること、ライバルの群れを追い払うことで精一杯だからなのだ。野生のチンパンジーにもっと余裕ができ、絵具を作る能力をもちあわせていれば、おそらく彼らも絵を描きはじめるようになるだろう。すでに現実に起きているのがその証拠だ。遺伝子の点からすれば、私たち人間もまだ九八パーセント以上はチンパンジーにほかならないのである。

第8章
農業がもたらした光と影

過去数百万年にわたる人間の歴史は長い進歩の物語であり、歴史とともに生活はますます豊かになっていった。かつて私たちが心から信じたイメージのひとつがこれだ。とりわけ穀物を栽培し、家畜を育てる農業に対しては、よりよき生活へといたるまぎれもない一歩だと信じられていた。しかし、最近の発見によって、農業は向上をもたらすと同時に、悪徳への道しるべでもあったことが明らかになってきている。

農業のおかげで食料の生産量は蓄えておくことができるほど飛躍的に増えた。つまり、より多くの人間が生き延びていけるようになったのだが、その一方で疫病を引き起こし、男女間や社会的な階級間に不平等を生み、強権的な支配者による専制という害悪をもたらしたのが農業である。ヒトの文化的特徴のなかで、よくもあり悪しくもあるのが農業なのだ。農業は、言葉や芸術といった人間の高貴な特徴と、薬物乱用、大量虐殺、環境破壊などの悪徳とのちょうど中間に位置するものなのだ。

最近になって始まった農業の歩み

言葉や芸術など、ヒトのほかの特質に比べ、農業の出現はごく最近のことである。きざしはじめたのはようやく一万年前のことだった。農業を始めるようになった最初の一歩は、目的に向かって周到に試みられたわけではない。そもそも人類は、植物を栽培し、動物を飼いならそうと考えていたわけではなかったのである。そうではなく、ヒトの行動とそれによって生じた動植物の変化が重なって農業は生み出されてきたのだ。

動物の家畜化は、ひとつにはヒトが野生の動物をペットとして手元に置きつづけたこと、またひとつには、動物も人間のそばにいるとなにかと都合がいいと学習したことから始まる。たとえば、オオカミの場合、人間の狩猟者についていけば、手負いの動物という分け前にあずかれることを知った。ヒトはヒトで、オオカミの子どもにときどきエサを与えたり、手元で育てたりしていた。時間を経るにしたがい、こうしたオオカミの子孫は人間にますますなついていき、ついには家畜化して犬となっていった。猫もまた同じようにしてヒトになついていった。農業によって穀物の収穫と備蓄が始まると、ネズミは穀物貯蔵庫に侵入することを学ぶ。野生の小型の猫もまた、人間が住んでいるところはネズミを捕らえるには格好の場所であることを学習すると、今度は人間のほうがネズミの退治には猫が役に立つことに気づいていく。

植物栽培もはじめの段階では、とってきた野生の植物の種子を捨てたところ、この種子がたまたまそこで〝栽培〟されることになったのだろう。そして、ヒトが住み着いている場所、食事をしたり、また食べ物を探したりする場所の近くで、こうした種子がさらに多量の食べられる植物を実らせるようになったのだ。やがて人びとは意図的にこれらの種子を植えはじめるようになっていった。

農業をめぐる伝統的な考え方

まず、大半のアメリカ人やヨーロッパ人なら、農業はよいものであり、進化の道しるべだという伝統的な考えにはうなずいてくれるはずだ。私たちは、人類の歴史上もっとも豊富で多彩な食べ物を堪能し、道具も材料も一番のものを使い、もっとも長命で健康的な生活を送っている。この生活と一万年前に生きていた人間の生活を誰がいったい交換したいと思うだろう。

人類の歴史の大半を通じ、人という人は狩猟採集民として、野生の動物を狩り、野生の食べ物を集めて生きていく生活を強いられた。従来からの歴史観では、狩猟採集民の生活スタイルは野蛮で短命とされている。食べ物を育てることはなく、貯蔵する食物はごく限られ、手間のかかる食料探しに奮闘し、飢えから逃れようと必死だった。日々そうした戦いが続くため、気を抜ける日は一日としてない。こうした悲惨な状況から逃れられたのは、最終氷河期の終わりのことである。世界の各地域で自発的に植物を栽培して、動物の家畜化が始まった。農業革命は徐々に広がっていき、今日ではごく少数の狩猟採集民の部族が生き残っているにすぎない。

農業を進歩と考える従来からのこうした見方のもとでは、「狩猟採集民であった私たちの祖先のほとんどが、どうして農業を採用するようになったのか」という問いを誰も口にしない。祖先が農業を始めたのは、言うまでもなく、少ない労働で多くの食べ物を得るには効率的な方法だったからである。木の実を探し、野生の動物を追いかけてくたくたになった未開の狩猟者が、はじめて豊かに実った果樹園や羊が群れる牧場を目の当たりにした光景をどうか想像してみてほしい。農業がいかにいいものであるか気づくことに、一〇〇万分の一秒とかからないはずだ。

典型的な進歩派の見解はさらに続く。芸術が誕生したのも農業が勃興したおかげだ。穀物は保存でき、ジャングルで探し回ることに比べると、庭で食物を育てたほうが時間もかからず、狩猟採集民には決してもてなかった余暇の時間が農業のおかげで授けられた。この余暇の時間を使い、私たちは芸術を生み出したのだ。これこそ農業が人類に与えた最大の贈り物だった。

◉農業に励むアリ

霊長類の親戚には、わずかとはいえ農業に近い真似をするような種は一頭たりともいない。動物の世界というなら、ヒトにもっとも近い農業の先駆者がアリであり、アリもまた植物を栽培し、動物の家畜化をおこなっている。

アメリカに生息する数十種の互いに近縁のアリはいずれも農業を営んでいる。彼らは特別な

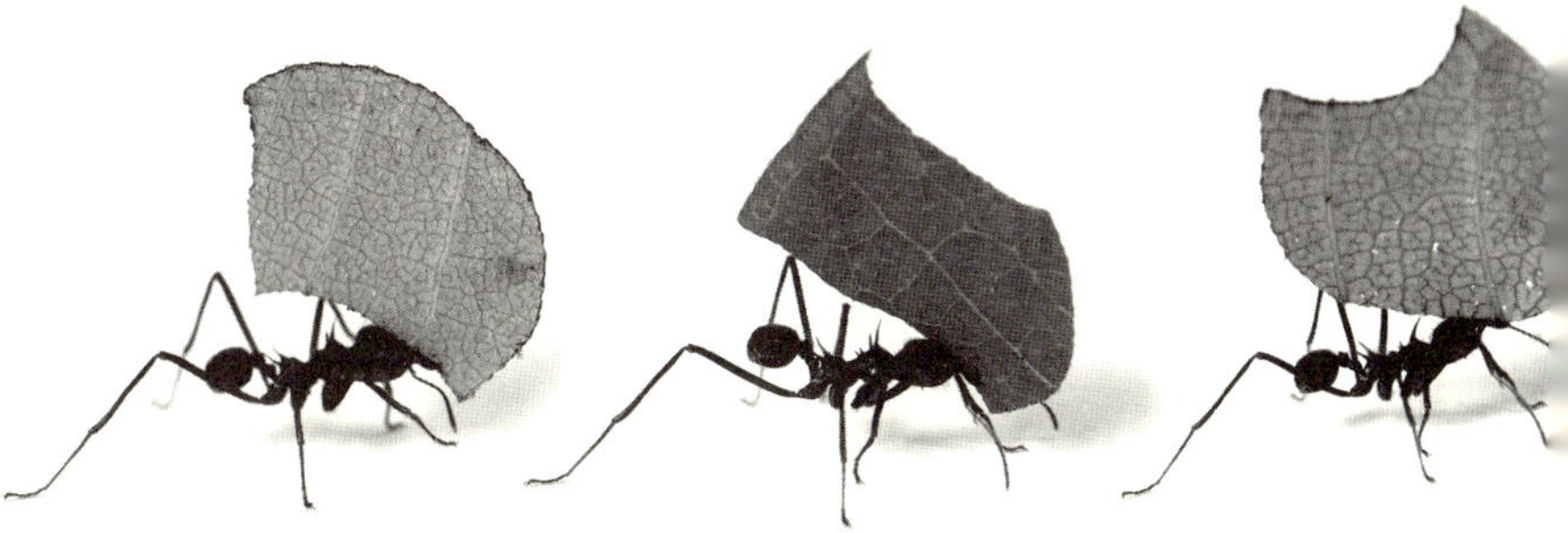

植物の葉を刈り取るハキリアリ。葉はアリの食料であるキノコの栽培に使われる。アリは農夫で葉が耕作地、キノコはアリの収穫物に相当する。

種類のイースト菌やキノコを自分たちの巣のなかにある庭で栽培しているのだ。たとえば、ハキリアリは葉を切り取ってもそれを食べるわけではない。葉は小さく裂かれ、不要なキノコや細菌をこそぎ落とすと地中の巣へと運ばれていく。巣のなかで、アリは細かく砕かれた葉をおかゆ状の粒にすると自分の唾液とフンの肥料をやり、アリが好みにしている種類のキノコを植え付けるのだ。このキノコがアリの主食で、なかにはこれしか食べようとしないアリもときどきいる。女王アリが新しいコロニーを作るために旅立つときは、大切なキノコの種菌をいっしょにもっていく。人間の開拓者が作物の種を携えていくようなものだ。

動物の家畜化という点では、ハキリアリは、バッタ、アブラムシ、カイガラムシ、イモムシなどのさまざまな昆虫から「甘露《かんろ》」と呼ばれる糖質の分泌液を集めている。これらの昆虫は、アリにとって乳牛のようなもので、アリは甘露の出をよくしようと触覚で昆虫をなでさすっては「乳しぼり」をしている。甘露をもらうお返しに、アリは自分たちの「乳牛」を捕食者や寄生虫の手から守っているのだ。

もちろんヒトは植物の栽培や動物の家畜化をアリから受け継いだわけではない。アリはアリで進化していき、あとになって私たち人間も栽培や家畜化を独自に進化させていったのである。

狩猟採集民の日常

進歩派の見解では、農業によって健康と長命、安全と余暇、そして偉大な芸術が私たちにもたらされたと言われる。もっともらしい説だが、しかし、これを証明するのは容易ではないだろう。一万年前に狩猟をやめ、農業を始めた人びとの生活がよくなったと、いったいどうやって明らかにすることができるのだろうか。

ひとつの方法は、農業が伝播していく様子を調べてみることだ。それほど偉大なものなら、農業はたちまち広がっていったと考えられる。だが、考古学の研究が明らかにするのは、農業がヨーロッパを進行していくペースは一年に約一〇〇〇メートル、まさにカタツムリが地をはうようなペースで進んでいった。農業の起源は紀元前八〇〇〇年前後の中東で、そこから西北に進んでギリシャに達したのが紀元前六〇〇〇年ごろ、イギリスやスカンジナビアにたどり着いたのはそれからさらに二五〇〇年後のことだった。これを熱狂の波と呼ぶにはいささか無理がある。

検証のもうひとつは、現在の狩猟採集民は本当に農民よりも不自由な生活を送っているのか、それを調べてみるというアプローチだ。世界中に狩猟採集民はちらばっているが、もっぱら住んでいるのは農業には不向きな地域であり、たとえば南アフリカのカラハリ砂漠に住むブッシュマンは、最近まで狩猟採集民として生活を送ってきた。だが、こうした狩猟採集民はおおむね余暇の時間をもち、たっぷり眠り、近くに住む農民よりも仕事に駆り立てられてはいなかったというから驚きだ。たとえば、ブッシュマンの場合、食べ物を探すために費やす時間は週平均一二時間から一九時間ほどでしかなかった。近隣の部族のように、なぜ農業に手を出さなかったのかと尋ねられ、ブッシュマンの一人は「モンゴンゴの実が山のようになっているのに、なんで植えなきゃならないんだ」と答えていた。

ただ、農業に対して、従来からの進歩的な見解とはうらはらな極端な結論に走り、狩猟採集民の暮らしはのんびりしていたと言うのは誤りだろう。食料を見つけただけでは十分ではないのだ。食べるためには調理が必要で、そのためには時間もかかる。とはいえ、狩猟採集民は農民よりも休みなく働いたと考えるのもやはり誤解にほかならない。

もうひとつ、栄養という違いもあるだろう。農民はもっぱら米やジャガイモなどの作物を食べていたが、これらは炭水化物にかたよっていた。野生の植物と動物の混合からなる狩猟採集民の食事では、タンパク質が多く、ほかの栄養素とのバランスもいい。健康面では狩猟採集民の食事のほうが優れていて、病気で苦しむこともほとんどない。さまざまな食事を楽しみ、食料不足や飢饉を経験することもなかった。農民の場合、限られた品種の作物に依存していたのでたびたび飢饉に見舞われている。ブッシュマンが食べていたのは八五種の植物、餓死というものが想像もつかなかっただろう。アイルランドでは一八四〇年代、疫病によってジャガイモが枯死してしまうと、約一〇〇万人の農民とその家族が飢え死にした。ジャガイモはアイルランドの主要な作物であり、主食でもあった。

農業と健康

現代の狩猟採集民は何千年にもわたって農業社会に隣接しながら暮らしてきた。しかし、農業

SKETCH IN A HOU-E AT FAHEY'S QUAY, ENNIS.—THE WIDOW CONNOR AND HER DYING CHILD.

1840年代、ジャガイモが疫病に襲われて収穫が壊滅的な被害を受け、アイルランドでは国中が飢饉と飢餓に見舞われた。ジャガイモをおもな食料源にしていただけに、100万人という人間がこの飢饉で死亡している。

革命が起こる以前、狩猟採集民はどのような生活を送っていたのだろう。はるか遠い過去の時代に生きていた人たちの生活は、狩猟から農業に切り替えてからはたして向上したのだろうか。

古病理学者のおかげで、こうした疑問に対しても答えを出せるようになってきた。古病理学者は大昔に生きていた人びとの遺骨から病気の兆候を研究している。身長が歴史的にどのように変化してきたのかを見てみよう。栄養状態が改善された結果、現代人は九～十世紀前に生きていた人たちよりも身長が伸びたことは知られている。たとえば、中世の城の入り口に入るときに身をかがめなくてはならないのは、栄養不良のせいで、当時の城はいまよりも身長が低かった人に合わせて建てられていたからなのである。

これと驚くほどよく似ていたのが数千年前の古代ギリシャとトルコの遺骨を調べた研究である。氷河期のこの地方に住んでいた狩猟採集民の平均身長は、男性が一七八センチ、女性が一六八センチだった。農業が始まるようになると身長は一気に低くなる。紀元前四〇〇〇年ごろには、男性で平均一六〇センチ、女性は一五五センチになっていたのだ。それから数千年後、身長はゆっくり伸びはじめていったが、現代のギリシャ人とトルコ人は、健康な狩猟採集民の祖先の平均身長にはいまも達していないのである。

ある古病理学者が、アメリカ先住民の狩猟採集民の祖先の骨は「あんまり健康的なので、調べているとなんだか気おくれしてくる」とこぼしていた。しかし、いったんトウモロコシの栽培が始まると、その骨はがぜん興味をかきたてるものになった。平均的な大人の虫歯の本数が、一本から一気に七本近くまで跳ね上がっていたのだ。歯の欠損は日常になっていた。子どもの歯にエナメル質形成不全が見つかったのは、育児に当たっていた母親が深刻な栄養失調に陥っていたことをうかがわせる。結核や貧血、それ以外の病気も劇的に急増していた。トウモロコシの栽培が始まる前までは、人口の五パーセントが五〇歳以上まで生きていたのだが、栽培が始まるとその比率はわずか一パーセントになり、しかも全人口の五分の一は一歳から四歳のあいだに死亡していた。

アメリカ大陸では通常、トウモロコシは神からの贈り物のひとつだと考えられてきたが、公衆衛生上の点からすると、実際には災いをなすものだった。同様なことが世界の各地でも起きていたのは、この地以外の研究から明らかになっている。狩猟採集から農業への移行とは、公衆衛生にとって決して好ましいものではなかったのである。

農業がもつ否定的な影響については、少なくとも三つの説明があげられるだろう。第一に、狩猟採集民はタンパク質とビタミン、ミネラルに富んだ多彩な食べ物を口にしていたが、農民はおもにデンプン質の作物ばかりを食べていた。今日でもなお、わずか三種の高デンプン質の植物、小麦、米、トウモロコシによって、ヒトという種が食べるカロリーの半分以上がまかなわれている。第二に、わずか一種か数種の作物に依存してしまうと、農民は栄養失調に陥るばかりか、肝心の作物が凶作に見舞われるとたんに餓死の危機に瀕する。アイルランドのジャガイモ飢饉などその好例だ。

最後に、現在でもなお猛威を振るっている伝染病や寄生虫は、農業に移行するまでは確たる勢いをもっていなかった。こうした病気がはびこるのは、人口が密集し、栄養不良の定住者の住む社会に限られ、住人は互いのあいだで、あるいはみずからの排泄物を介して絶えず病気をうつしあっていた。集団感染する伝染病の場合、規模も小さく、人数もまばらで、たびたびキャンプを移動する狩猟民の集団では長生きすることはできない。結核やハンセン病、コレラの発生は農村が勃興してからのことで、天然痘、腺ペスト、麻疹《はしか》は、都市に人が集中して人口密度が高まったわずか数千年前になってから出現するようになったのである。

◉古代の病気を研究する新しい科学

二十世紀の終わり、新しい科学が登場した。古病理学（paleopathology）である。名称のpaleoは「古代の」を意味するギリシャ語の語根、これに病気の兆候を調べる「病理学」のpathologyがついたものに由来している。古病理学者は太古に生きた人間の遺骨を調べ、その集団が健康か、そうでなかったかを研究する。

運がいいと豊富な研究材料に古病理学者は恵まれる。チリの砂漠で保存状態のいいミイラが発見されたとき、考古学者は検視解剖によって死因を特定できると判断した。これは今日の病院で死亡した患者におこなわれているのとまったく同じだ。ただ、通常、古病理学者が利用できる遺物は骨に限られる。しかし、専門家の手にかかれば、骨からでも驚くほどのことが明らかになるのである。

骨の持ち主の性別、身長、体重、死亡時のおおよその年齢が特定できる。十分な数の骨があれば、生命保険会社が個人の年齢別の平均余命や死亡率の算出で用いる生命表のようなものも作成可能だし、それによって特定集団の平均的な寿命が推定できる。

成長率は年齢ごとに骨を計測することで算出可能だ。成長率が低ければ、飢えと栄養失調に苦しんでいた様子がうかがえる。また、虫歯の本数を調べ(高炭水化物食の兆候)、歯のエナメル質の形成不全(子どもの栄養失調の兆候)などが調査されている。さらに、骨に残る損傷が貧血、結核、ハンセン病、関節炎によるものでないかも調べつくされる。古病理学を通じ、太古の昔に死んだ私たちの祖先は、自分たちがどうやって生き、そして死んでいったのかを語りつづけているのだ。

階級格差の出現

農業はさらにもうひとつ、人間性に対する元凶をもたらしていた。階級の分化である。狩猟採集民は食料を貯蔵せず、もっていてもほんのわずかで、果樹園や牛の群れなどのように食料資源を集中させることもなかった。日々手に入る野生の植物や獲物で暮らしを立て、子どもや病人、老人を除き、全員がいっしょになって食べ物を探しに出かけたのだ。王や専門職に従事する者はおらず、他人の食べ物に頼ってぬくぬくと肥えていく社会的寄生者もいなかった。

農業を営む集団において唯一、病気にさいなまれる大衆と、富と権力をもって生産にはまったく従事しない健康なエリート階級という対比が明らかになっていく。紀元前一五〇〇年前後のギリシャ人の墓から出土した骨はこの対比を示す一例だ。王侯貴族は平民よりもいいものを口にしていたことが出土した骨からうかがえる。たとえば、王侯貴族の身長は、平民に比べて五～八センチ高かった。また、王侯貴族の場合、虫歯と欠損歯は平均一本だが、平民の平均は六本だった。この例とよく似た特徴を示していたのが南アメリカで出土した遺体だ。南米チリの墓地にいまから三〇〇〇年前に埋葬されたミイラで、遺体は装飾品や金の髪飾りをまとい、骨には感染症による損傷が残っていたが、損傷頻度は平民の四分の一程度でしかなかった。

アメリカやヨーロッパの大半の読者には、人間性の点で、狩猟採集民のほうが現在の私たちよりも豊かな暮らし向きだったという考えは馬鹿げたものに聞こえるかもしれない。産業社会に暮らす大勢の人間のほうが、狩猟採集民よりも健康な暮らしを楽しんでいるからだ。しかし、アメリカ人もヨーロッパ人も今日の世界ではエリートにほかならない。石油やほかの資源は他国からの輸入に依存しているのである。資源輸出国には膨大な数の貧しい農民がいて、健康状態の点では世界の水準をはるかに下回っているのだ。

産業社会や農業社会では、一部の人間が狩猟採集民よりも暇な時間を楽しんでいる。しかし、これは余暇などほとんどない大勢のほかの人の犠牲に支えられているのだ。農業によって、芸術家や専門の職人を社会は養えるようになり、こうした人間がいなければ、寺院や大聖堂などの大規模な芸術をもつことはできなかった。しかし、もっと小規模な偉大な絵画や彫刻は、すでに一万五〇〇〇年前に狩猟採集民であるクロマニヨン人によって生み出されていた。現在でも偉大な芸術は、太平洋北西部沿岸のインディアンのような狩猟採集民によって作られている。そして、農業への転換後、社会が支えることができるようになった専門家について考えをめぐらす場合、シェイクスピアやレオナルド・ダ・ヴィンチだけではなく、殺戮《さつりく》を本業とする巨大な軍隊も存在することについて忘れてはならないだろう。

先史時代の交差点

狩猟に比べると農業ははるかに多くの人を養うことができた。とはいえ、つねに全員の口に食べ物をもたらしてきたわけではない。狩猟採集民の人口密度は約二・五平方キロに一人かそれ以下だが、農民の人口密度は少なくともその一〇倍はある。

農業は人間にとってよいものだという伝統的な考えから、私たちがどうしても抜け出せないのは、おそらく、農業が一ヘクタール当たりにして何倍もの食料を産み出しているからなのはまちがいない。しかし、それは養うべき口がはるかに多く存在していたことも意味する。農業人口が狩猟採集民の人口よりも急速にその数を増やしていけたのは、定住社会の女性の場合、二年ごとに一人の子どもを産めるのが普通だったからである。狩猟採集民の女性の場合、四年に一人の間隔だったのは、子どもが仲間の集団について歩けるようになるまで、母親は子どもをおぶっていなくてはならなかったからなのだ。

いまから一万年前の氷河期の終わりごろ、狩猟採集民のいくつかの集団が農業に向かって最初の一歩を踏み出し、さらに多くの人間を養えるようになっていく。やがて人口がどんどん増えていくと、彼らは狩猟採集民にとどまることを選んだ集団を追いやったり、あるいは殺したりするようになっていった。栄養状態が悪くとも一〇人の人間がいれば、健康な一人の狩猟民に打ち勝つことはできたのである。農業を採用しなかった人びとは土地という土地から追いやられ、農民がほしがらないような地域へと散っていった。

今日、狩猟採集民が暮らしているのは、北極や砂漠などの農業にはもっぱら不向きな土地である。しかし、狩猟採集民は、私たちのヒトという種の歴史において、もっとも長続きして成功した生活様式にしたがって生きている最後の人間なのだ。

二十四時間が表示できる時計を想像してみてほしい。この時計が示す一時間はそれぞれ一〇万年の時を表している。午前〇時に人類の歴史が始まったとすれば、いま私たちは一日目の終わりを間もなく迎えようとしている。真夜中から夜明けまで、正午から日暮れまで、私たちは終日のほとんどを狩猟採集民として生きてきた。そして、午後十一時五十四分、私たちはついに農業を採用した。もう後もどりすることはできないのである。二度目の午前〇時をまさに迎えようというときになって、農業がもつ呪わしい面に制限をかけ、祝福にあふれた農業の恵みを実現する方法を私たちは見つけ出すことができるのだろうか。

第9章

なぜタバコを吸い、酒を飲み、危険な薬物にふけるのか

重油の流失、化学物質にまみれた廃棄物、スモッグ、汚染された食物など、ほかの誰かの不注意や悪意のある行為が原因で、私たちは毒性の化学物質にさらされつづけている——毎月毎月、そんなことを新たな形で思い知らされているような気さえしてくる。環境を脅かす危険な化学物質に対しては世間も激しい怒りを覚えているが、それにもかかわらず、私たちの多くはなぜ似たようなことを自分自身に対しておこなっているのだろうか。

アルコールやコカイン、タバコの煙に含まれている成分といった危険で有害な化学物質を、なぜこうも多くの人たちがわざわざ好き好んで口にしたり、注射したり、あるいは吸い込んだりしているのだろうか。みずからを進んで傷つけるこうした行為は、いまも原始的な生活をしている部族から、ハイテクの都市住民にいたるまで、現代社会の多くにさまざまな形で存在している。そして、薬物中毒の歴史をたどれば、私たちが文字を使って過去を記録するようになったはるか昔にまでさかのぼる。いったい、薬物中毒はどのようにしてヒトという種特有の性質をなすようになったのだろう。

自己損傷行動のパラドックス

一見真実のようでありながら、実は理屈や常識とは矛盾している場合、私たちはそれをパラドックスと呼んでいる。毒性薬物の乱用、あるいはそれ以外の自己に損傷を加える行動もパラドックスのひとつだ。それが有害であり、危険であると承知しているにもかかわらず、なぜそんなものに私たちは手を出してしまうのか。

毒性の薬物に一度手を出してしまうとなぜ使いつづけるのかという問題ではない。使いつづけるのは、毒性化学物質の場合、中毒になってしまうからである。いったん使い出せば、薬物は人間の脳に影響をおよぼし、どうしてもやめられなくなってしまう。そもそも人はなぜ毒性化学物質に手を出してしまうのか、その点がまぎれもない謎なのだ。

アルコール、タバコ、薬物には害があり、時には致命的ですらあることを示す例なら、誰でも十分すぎるほどよく知っている。それにもかかわらず、進んでこうした毒物に手を出し、しかも嬉々として消費するとなれば、よほど強い動機でもなければ説明がつくものではない。無意識のうちに仕組まれたプログラムが、危険だと知りつつも手を出さずにいられないように駆り立てているようだ。そんなプログラムの正体とはいったいどんなものなのだろうか。

ひとつの説で説明がつくような話ではない。人や社会が異なれば、駆り立てる動機も違ってくる。親睦のためにお酒を飲む人がいれば、感情を押し殺したり、悲しみをまぎらわしたりするために飲む人、アルコール飲料の味がただ好きだから飲む人もいる。さらに、満ち足りた生活が実現できる可能性は、ヒトの集団や社会的な階層によって違ってくるので、薬物の使い方についてもパターンがあるのは不思議ではない。たとえば、失業率の高いアイルランドでは、南東イングランドに比べ、自滅的なアルコール依存症が大きな問題になっている。

とはいうものの、これらの動機が私たちのパラドックス、つまり、有害であることを知りつつも、なぜ進んでそれを求めようとするのかという問題の本質を突いたものではない。そこで私はもうひとつ別な動機を提案することにしよう。その動機は、動物の世界において、一見すれば広く見受けられる自己破壊的な特質に関連している。ヒトに見られる危険な行動や自己破壊的な行動もこの動機によって説明することができるだろう。

長い尾羽に込められた手がかり

私がこの説を思いついたのは、まったく無関係の別のパラドックス、ある鳥の進化について研究をしている最中だった。ニューギニアで雄のゴクラクチョウに目を凝らしているとき、なぜこの鳥は尾羽を九〇センチもの長さにまで進化させたのか、これでは飛ぶこともジャングルを歩くときにも負担になると不思議に思っていた。

ほかの種のゴクラクチョウの雄も、眉の部分から長い羽を伸ばしたり、派手な色をしていたり、大きな声で鳴くなどの奇妙な特徴を進化させていた。いずれの特徴をとってもこの鳥の生存を脅かすはずである。鮮やかな色や大きな鳴き声は、捕食者であるタカを誘い込んでいるようなものだ。しかし、こうした特徴は同時に宣伝の役を果たし、雄が雌を勝ちとる助けとなっている。大勢のほかの生物学者と同じように、私も頭をひねったのは、雄のゴクラクチョウはなぜこうしたハンディキャップを広告としているのか、そして、なぜ雌のゴクラクチョウはそのハンディキャップに引かれるのかという疑問だった。

このとき思い返したのが、イスラエルの生物学者アモツ・ザハヴィが一九七五年に発表した論文である。ザハヴィがこの論文で説いているのは、動物の行動について、大きな損失や自滅的な信号が果たす役割に関するこれまでにない理論だった。雄の生存をむしろ困難にする特徴がなぜ雌を引きつけるのかと言えば、まさにその特徴がハンディキャップをもっているからだとザハヴィは考えた。この理論は自分が研究するゴクラクチョウにも当てはまるのではないかと、そのとき私は突然思いついたのだ。そして、気になっていたもうひとつ別のパラドックス、つまり私たちがなぜ毒性化学物質を使用するのか、そして、喫煙もアルコールも体を損なうものであると知りながら、とびきり魅力的な広告を使って宣伝するやり口に関しても、この理論で説明することができたのだ。

動物たちのコミュニケーションをめぐる理論

ザハヴィの理論は、動物のコミュニケーションをめぐる多様な問題に関連していた。動物が必要とするのは、配偶者になるかもしれない相手や捕食者かもしれない相手に向かって、すばやく、しかも容易に理解できるメッセージを伝えられる信号である。たとえば、ライオンに狙われているとガゼルが気づいた場合で考えよう。ライオンに信号を送って、「自分は脚が速くて、ほかよりも優れたガゼルだぞ。自分を捕まえることは絶対にできない。だから、捕まえようとして、時間とエネルギーを無駄にしてはならない」とわかってもらえればガゼルにとっては好都合だ。このガゼルが実際にライオンより速く走れても、ライオンをいなすことができれば、ガゼルも時間とエネルギーを無駄に使う必要がなくなる。

しかし、この場合、ガゼルはどんな信号を相手に伝えることができるのだろうか。現れたライオンというライオンの目前で、そのたびに一〇〇メートル走は実演できない。では、左の後ろ足で地面をトントンとたたくような、すばやくて簡単な信号ではどうだろうか。この場合、問題はごまかしが出てくるという点だ。この信号なら、本当は脚が遅くてもどんなガゼルでも使えるからである。それに気づいてライオンも信号を無視するようになってしまう。信号は、ガゼルが嘘をついていないとライオンを納得させるものでなくてはならない。

ガゼルが使っている信号は「ストッティング」と呼ばれる行動である。脇目もふらずに逃げ出すかわりに、ガゼルはゆっくりと走っては、脚を伸ばしたまま、空中に高々と跳びあがることを繰り返すのだ。見たかぎりでは、自滅的な行動としか思えない。時間やエネルギーを無駄に費やし、ライオンには襲いかかる機会を与えている。

この若いガゼルは、なぜ高々と跳びあがることでライオンの注意を引こうとしているのだろう。危険であるばかりか、自滅的であるこうした行動によって、実は意外にも動物はみずからの命を救っているのだ。人間もまた本能に駆り立てられて自分が悪影響をこうむるような行動をとる場合が少なくないが、結局は破滅的な結果しかもたらさない。

ザハヴィの理論は、このパラドックスの核心を突くものだ。その信号が長い尾羽やストッティングのような行動のいずれかであれ、動物に危険をもたらすような信号は、それが動物に不利を強いるからこそ、いつわりではないことを示す格好の指標となっている。当の動物にたいしたコストも必要としない信号の場合、ごまかしが出てくるのは、そうした信号であれば、脚の速くないもの、能力に劣るものでさえ真似ることができるからである。コストと危険がともなう信号こそが嘘いつわりのない信号であると保証してくれる。こちらに寄ってくるライオンの前で、脚の遅いガゼルがいくら飛び跳ねても、その運命は変えられるものではないが、脚の速いものなら、ストッティングのあとでもライオンには追いつかれない。「自分はこれだけ速いのだから、こんな真似をしたあとでも、十分に逃げ切ることができるのだよ」と、ストッティングをすることによって、ガゼルはそうひけらかしているのだ。

ガゼルは数ある信号のなかからストッティングを選び、ライオンはライオンでガゼルの信号をよく考え、そのうえでストッティングがガゼルの脚の速さと正直ぶりを示していると判断をくだした——ここまで私は信号をめぐる問題についてそんな調子で説明をしてきた。実際には、これらの「選択」は進化の産物で、遺伝子によって決定されたものなのだ。不要で意味のない追跡を免れたガゼルとライオンは、エネルギーを浪費することなく、一頭でも多くの子孫を残すことに向きあえる。多くの子孫を残せるように遺伝的に組み込まれた特徴や行動、つまりこの場合ではストッティングのような行動はおおむね受け継がれていくというのが、進化生物学の基礎となる原理なのだ。

ザハヴィの理論はゴクラクチョウの雄の長い尾羽にも当てはめることができるだろう。長い尾羽というハンディキャップにもかかわらず生き延びている雄だからこそ、尾羽以外の点については優れた遺伝子をもっているにちがいないということになるのだ。こうした雄だからエサを見つけ、捕食者からも逃れられ、病気にもとりわけ強いにちがいないという証《あかし》となる。ハンディキャップが大きければ大きいほど、雄がかいくぐってきた試練もまた過酷なものだった。

雌のゴクラクチョウが配偶者を選ぶ際、その雌はおとぎ話に出てくる騎士に求愛された乙女のようなものである。求愛する騎士に向かい、ならばドラゴンを退治せよと乙女は試練を課す。片腕の騎士がハンディにもかかわらずみごとドラゴンを討ち取ったそのとき、乙女はついに偉大な遺伝子をもつ自分の配偶者を見つけたと知るのだ。騎士にしてもゴクラクチョウの雄にしても、みずからのハンディキャップを見せることで、実は自身の優秀ぶりを示していることになるのだ。

危険で対価の大きい人間の行動

私には、高い地位を得ようと人間がおこなう、大きな出費をともなうかずかずの行為についても、ザハヴィの理論が当てはまるように思える。これという女性を高価な贈り物で口説いたり、これ見よがしに財産を明らかにしたりするのは、実は「私には家族を養っていけるだけのお金がたくさんある。これだけのお金も心置きなく使えるのだから、私のこんな話は信じてもらえるだろう」と言っているのと同じなのだ。宝石やスポーツカーを示して地位が誇れるのは、こうしたものが高嶺の花であるのを誰もが知っているからである。

薬物乱用といったさらに危険な行動にヒトがなぜ駆り立てられていくのか、その点についてもザハヴィの理論で説明がつくだろう。とりわけ、自分の地位を世間に認めさせようと多くのエネルギーを使いつづける青年期から大人になりかけの時期は、乱用をスタートさせがちな時期でもある。私が言いたいのは、鳥やガゼルを危険なディスプレイ（誇示行動）に駆り立てたのと同じ無意識の本能を私たち人間も共有しているということなのだ。一万年前の昔なら、ライオンや敵対する部族に挑むことで誇示していたのだろう。現代では、猛スピードで車を運転したり、危険な薬物を使ったりするなど、もっと物騒な別の方法でやはり同じことをやっている。

◉マレクラ島の男たちの危険なジャンプ

太平洋北西部沿岸に住むアメリカ・インディアンたちは、ポトラッチの祭りとして知られる儀式のとき、できるだけ多くの財産を捨てることで高い地位を得ようとした。また、現代のような医学が発達する以前、入れ墨は痛みをともなうだけではなく、感染症のおそれがある危険な行為でもあった。だが、入れ墨を施した者は二つの点で自分の屈強ぶりを誇示できた。痛みに耐える力と病気に対する抵抗力である。大きな対価を払い、危険でしかも有害な行為を通じ

太平洋のバヌアツ共和国にあるマレクラ島では、若い男性は塔を建て、その上から飛び降りることで自分の技量と勇気を示すことが古くからおこなわれてきた。足に巻きつけるツルの長さが計算通りなら、地面に激突する直前でとまることができる。

て人びとは地位を求めつづけたが、これらは数あるそれらの方法のうちのほんの二例にすぎない。

さらに大がかりなのが太平洋のマレクラ島の例で、この島の男たちは、高い塔を建てると、その上から真っ逆さまに飛び降りるという、とてもではないが正気とは思えない危険な方法で昔から自分の力を見せつけてきた（現在、バンジージャンプとして世界中で真似をされている）。じょうぶなツルを二本用意し、それぞれ一方の端を塔に結びつける。もう一方の端は左右の足首に巻きつける。ツルの長さは周到に計算され、飛び降りた男の頭が地面からわずか数十センチに達したところでとまるようになっている。この儀式を生き残ることによって、勇気があり、注意深い計算もでき、しかも立派な塔も建てられる能力をもつ者であることが証明されるのだ。

誤ったメッセージ

危険な誇示に込められたメッセージは、「自分は強靭で優れている。だから、強くなくてはならない。はじめて吸うタバコでさえ、あののどを焼き、息を詰まらせる強い刺激に耐えられるし、あるいは最初の二日酔いに見舞われたあのみじめな思いもやりすごすことができる。そんなことを頻繁にくりかえしてもピンピンしていられるようなら、自分は他人より優れているにちがいないはずだ」と、そんなふうに私は想像している。実際のところ、これは長い尾羽をもつ鳥たちにとってはまぎれもない真実でも、私たち人間には誤ったメッセージにほかならない。人間がもつ多くの動物的本能と同じように、現代社会においては危険な誇示はむしろ不利に作用する。

一日数箱のタバコを吸うような毎日を何年にもわたって送り、しかもそれまで肺がんにならなければ、肺がんに抵抗力がある遺伝子をもっているかもしれないが、そんなことは当人の知能や技量、あるいは配偶者や子どもに幸せな生活を提供できる能力があるという点に関して、なにも証明したことにはならないのだ。それどころか、喫煙の悪影響が現在のように知られるようになると、喫煙行動は、むしろ判断力に欠けているなどという芳しくない資質を表す兆候で、配偶者として喫煙者を選ぶことは誤った選択になってしまうだろう。

寿命が短い動物の場合、求愛ではすばやく伝わる信号を発達させなくてはならない。つがいになるかもしれない相手に関しては、互いの能力を値踏みしているだけの余裕はない。しかし、人間の場合、長い寿命に恵まれ、求愛にも時間をかけ、仕事での関係も長く続くので、互いの価値をじっくり調べられるだけの十分な時間がある。薬物の乱用は、かつては有効な本能だったが、いまでは私たちに災いをなすようになった典型的な例である。薬物乱用の場合、この本能は自分の強さを示すためにハンディキャップの信号に頼っている。ウイスキーやタバコの広告は、この古い本能に対して巧妙に訴えかけているものであり、タバコを吸ったり、お酒を飲んだりすることで、自分の地位はゆるぎないものとなり、魅力も増していくというメッセージが込められているのだ。意識の底に埋もれた人間の本能は、このメッセージがまがいものであるのを見抜くことはできない。しかし、私たちは、ヒトがもつ学習能力や判断能力を用いることで、この誤ったメッセージを克服し、それとは別の目的を選び取ることができる。

動物と人間に課されたコストと利益

どのような動物も、ほかの動物にすばやくメッセージを送る信号を進化させなくてはならなかった。その信号が信用できるものであるには、能力にまさる個体だけが発信できるように、なんらかのコストや危険、あるいは負担をともなう信号でなくてはならなかった。ライオンの前でストッティングをするガゼル、長くて重いだけの尾羽をもつジャングルの鳥など、一見すると送り手にとってはマイナスに思えるような動物の信号の多くも、そう考えれば納得することができるだろう。

人類の芸術のみならず薬物の乱用についても、この観点に立てば説明はつくはずだ。芸術も薬物の乱用もヒトの社会では広く見られる特徴であり、いずれも生存のためや配偶者を得るうえで、どんな役に立つのかはひと目でわかるようなものではない。第7章で私は、芸術は個人の優秀さや地位に関する確実な指標となる場合が少なくないと述べた。その理由は、芸術を生み出すには技量が必要で、芸術作品を手に入れるためには相応の地位や富が欠かせないからである。ここで、もう一歩踏み込んで話を進めよう。ヒトは芸術以外にも、コストがともなういろいろなディスプレイを通じて高い地位を獲得しようと努めてきた。高い塔から飛び降りたり、毒性化学物質を使用したりするなど、こうしたディスプレイのいくつかは、唖然とするほど危険なことであるのだ。ただし、この見方によって、芸術や薬物乱用のすべてが理解できると言っているわけではない。

複雑な行動がそれ自体で一人歩きをするようになり、そもそもの目的を超えてはるか向こうにいってしまったのか、あるいは、こうした行動は当初からいくつもの役目を果たすようになっていたのかもしれない。

ただ、進化の点から見れば、動物の行動と人間の薬物乱用のあいだには基本的な違いが存在している。ストッティングや長い尾羽など、動物が示す信号にはコストがともなうが、得られる利益はこのコストをはるかにうわまわる。尾羽の長い雄もコストは払っている。長い尾羽はエサを探したり、捕食者から逃れたりする際には重荷だ。しかし、この長い尾羽のおかげで雌を引きつけることができるので、交配上は有利になり、補ってもあまりある利益を雄にもたらしてくれる。結局は、より少なくではなく、より多くの子孫に自分の遺伝子を伝えていくことなのである。一見すると長い尾羽は自己破壊的でしかないが、実際にはこの鳥の遺伝子の生存には大いに役立っているのだ。

しかし、私たちの薬物乱用はそうではない。利益よりもコストがうわまわっている。麻薬中毒者もアルコール中毒者も寿命を縮めるだけではなく、配偶者候補の関心を引きつけるどころかその魅力はどんどん減少していく。子どもを世話するために必要な能力さえ失ってしまうのだ。ガゼルのストッティングや鳥の尾羽とは違い、人間の薬物中毒の場合、コストをうわまわる隠された利益をともなわないので継続はしていかない。しかし、それでも薬物中毒が続くのは、毒性化学物質に依存しているからなのだ。概して言えるのは、飲酒や喫煙、薬物の使用は、自己破滅的な行動にほかならないということなのである。

ストッティングの際、ガゼルも計算違いをすることはあるだろう。そうやって、ライオンも時にはごちそうにありついている。しかし、ストッティングにともなう興奮がやみつきとなり、それで自殺を図ろうとするガゼルはいない。薬物に対する私たちの自滅的な乱用は、動物の本能的な行動である起源をはるかに通り越してしまっているのである。

第10章　一人ぼっちの宇宙

今度、キャンプに出かける機会があるときには、町の灯りの届かない、よく晴れた夜の空を見上げてほしい。どれだけたくさんの星があるのかがわかるはずだ。双眼鏡を取り出し、天の川のあたりにレンズを向けてみる。天の川は夜空を横切って流れる星々の川だ。もっとたくさんの星が見えてくる。数え切れないほどの数の星だが、これは手始めにすぎない。

私たちの宇宙には何十億という数の銀河があり、さらにそれぞれの銀河には何十億、あるいは何兆という数の星々が存在する。現在知られているこうした星の多くは、周囲を回転している惑星をしたがえている。そして、この数字が頭に入ったところで、そろそろこんな質問が浮かんでくるはずだ。この宇宙のなかで、唯一人類だけが特別な存在ということがありうるのか。宇宙の向こう側から私たちを見返している、私たちと同じような文明をもつ知的な存在がいったいどれだけいるのだろう。そうした彼らと交信したり、彼らのもとを訪ねたり、あるいは彼らが私たちのもとにやってくるようになるまでには、いったいどれだけの時間がかかるのだろうか。

地球上において私たち人間は、ほかに類を見ない存在だ。複雑さにおいて、人間のような言葉や芸術、農業にいささかなりとも近いものをもつ種は存在しない。こうした人間の特質の大半は、何光年もの距離を隔てた星でも見つけ出すことはできないだろう（星と星との距離は「光年」によって計られる。一光年とは光が一年のあいだに通過する距離で、約九兆五〇〇〇億キロ）。しかし、地球以外に知的な生き物が存在するとすれば、その存在のしるしをこの地球にいて調査できる方法が二つある。宇宙探査機と電波信号だ。すでに私たちは二つとも送り出すことはできる。同じようにほかの星の知的な存在も送り出しているのかもしれない。とすれば、彼らの空飛ぶ円盤はいまどこを飛んでいるのだろうか。

この問題は私にとって、科学上の最大の謎のひとつである。何十億という星の数、私たち自身の種で発達してきた能力のことを考えれば、同様な能力を発達させたほかの種の宇宙船を見つけてしかるべきだし、少なくとも電波信号ぐらいは発見していてもおかしくない。しかし、そんなふうにはならなかった。この地球だけではなく、宇宙においても私たちは本当に特異な存在なのだろうか。

◉宇宙に存在する文明の数え方

一九六〇年、ウエストバージニア州グリーンバンクのアメリカ国立電波天文台で、地球圏外から送られてくる電波信号の調査がはじめて実施された。調査を指揮したのが天文学者のフランク・ドレイクである。翌年、ドレイクはグリーンバンクに科学者を集めると、地球外知的生命体と遭遇する可能性を議論した。この会議の準備でドレイクは、地球外知的生命体の数を推定する数式を編み出している。この式は「緑の岸辺《グリーンバンク》の方程式」あるいは「ドレイクの方程式」として知られる。その式とは次のようなものだ。

N＝R*×fp×ne×fl×fi×fc×L

R*＝知的生命体が発達するのに適した恒星が誕生する割合
fp＝誕生した恒星が惑星をもっている確率
ne＝生命の存在に適した環境を備えたひとつの恒星がもつ惑星の数
fl＝生命の発生が可能な惑星において、実際に生命が発生する確率
fi＝生命の発生している惑星において、知性をもつ生命が発生する確率
fc＝発生した生命がその存在を示す信号（電波信号など）を宇宙に向けて発信できるだけのテクノロジーを発達させる文明をもつ確率
L＝こうした技術文明が宇宙に向けて信号を送りつづけている期間

以上の各変数に天文学者はこれだと計算した数値を当てはめていった。そこで使われた数字は、星の形成や惑星をもつ恒星の数などに関する最新の発見や理論だった。こうした数字を掛

け合わせて求められた数値N、この数値が示すのは、私たちの銀河で人類と交信できる地球外文明の数なのだ。

方程式が示しているのは膨大な数にのぼる地球外文明の存在だ。この式に基づけば、人類はすでに知性をもつ宇宙人の訪問を受けていてもおかしくないし、少なくとも電波信号ぐらいは検出しているはずである。しかし、宇宙人の来訪を受けたとか、あるいは別の惑星からの電波を受信したという確たる証拠はなにひとつないと、物理学者のエンリコ・フェルミはすでに指摘しており、これは「フェルミのパラドックス」と呼ばれている。

研究者のなかには、「グレートフィルター」という現象の未知の影響で、多くの文明が予想するよりもはるかに低い発展段階にとどまっていると考える者がいる。これまで考えられてきたグレートフィルターのなかでも可能性があると思われるのは、知性に富んだ生命体が発生するのはきわめてまれであること、そして技術文明は永続しないという二つの考えである。

宇宙の向こうに誰かがいるのか

地球外生命体とコミュニケーションを図ろうとする試みはすでにおこなわれている。最初に試されたのは一九六〇年のことで、科学者たちは近くにある二つの恒星からの電波無線を聞き取ろうと試みた（このときは失敗）。以来、人類は宇宙に向け、電波とともに宇宙船や探査機を送ってきた。そして、太陽系以外の星に住む知的生命体の証かもしれない信号の探知に耳を澄ませてき

Average net paid circulation for September exceeded
Daily---1,800,000
Sunday-3,150,000

DAILY NEWS

Copyright 1938 by News Syndicate Co., Inc. Reg. U. S. Pat. Off. NEW YORK'S PICTURE NEWSPAPER Entered as 2nd class matter, Post Office, New York, N. Y.

FINAL

Vol. 20. No. 109 New York, Monday, October 31, 1938* 48 Pages 2 Cents IN CITY LIMITS | 3 CENTS Elsewhere

FAKE RADIO 'WAR' STIRS TERROR THROUGH U.S.

—Story on Page 2

(NEWS foto)

"War" Victim

Caroline Cantlon, WPA actress, listening to this radio in West 49th St., heard announcement of "smoke in Times Square." Running to street, she fell, broke her arm.

(By Associated Press)

"I Didn't Know". Orson Welles, after broadcast expresses amazement at public reaction. He adapted H. G. Wells' "War of the Worlds" for radio and played principal role. Left: a machine conceived for another H. G. Wells story. Dramatic description of landing of weird "machine from Mars" started last night's panic.

—*Story on page 2.*

1938年、H・G・ウエルズの小説『宇宙戦争』を原作にしたラジオ番組がアメリカで放送されると、火星人の侵略攻撃を受けていると本当に信じこんだ人たちが出現した。数時間にわたってパニックと混乱が続いた。

たのだ。

天文学者は「緑の岸辺の方程式」を使い、宇宙には進んだ文明がいくつ存在するのかその数を算出しようとした。この方程式は、銀河系の恒星の数、恒星のうち惑星をもつ星の数、さらに惑星のうち生命を維持する環境を備えている星の数といった推定値を掛け合わせていくものだ。推定値のすべてを掛け合わせてみた結果、宇宙には生命をもつ惑星が何千億、何万億という無数の数で存在しているにちがいないと結論づけたのである。

こうした生命の存在に適した惑星のうちのいくつかは、たとえそれがたった一パーセントにすぎなくとも、恒星間に電波信号を送信できる技術力を備えた文明をもっているはずである。「緑の岸辺の方程式」に誤りがなければ、私たちの銀河系だけでもおおよそ一〇〇万個の惑星に高度な文明がまちがいなく存在しているはずだ。そうだとすれば、その知的生命体はどこにいるのだろう。だが、宇宙は静まり返ったままである。

天文学者の計算のなにかがまちがっているのだ。恒星や惑星系の数を推定して、生命が誕生しそうな惑星系の割合について自分がなにをやっているのかは、天文学者自身が実によくわかっている。しかし、問題はそうではなく、生命がいる惑星では高度な機械文明が高い割合で進化するという、そうした考え方そのものにあるのだろう。こうした考えは、生物学者が「収斂《しゅうれん》進化」と呼ぶ現象に基づいている。収斂進化とはなにかを理解するとともに、その限界を知るためにキッツキを例にして見てみることにしよう。

キツツキと収斂進化

いろいろな種類の生物がそれぞれ独立して進化していきながら、同じような特徴を帯びるように変化していったり、あるいは似たような生態的地位《ニッチ》、つまり生存を可能にする環境を占めるようになったりすることを生物学者は「収斂進化」と呼んでいる。いろいろな種の進化がひとつの方向に向かっていく、あるいは似たような場所に生息するようになっていく。鳥、コウモリ、翼竜、昆虫がそれぞれ独立して進化しながら、空を飛ぶようになったのは収斂進化の好例だ。別の例としては目の収斂進化があげられるだろう。異なるたくさんの動物集団において、目は独立的に進化をしてきた。

地球上では、種のあいだで収斂進化が何度も起きたのはわかっている。それなら、地球の生物と地球以外の生命とのあいだでも、収斂進化が起きたとしてもおかしくない。電波を使った交信は地球上でたった一度だけ進化したものだが、収斂進化を踏まえれば、どこかほかの惑星においても出現したと考えることができる。しかし、キツツキと呼ばれる鳥の種を調べてみれば、収斂進化は決して普遍のものではないということを示している。

キツツキはすばらしい生活様式をもっている。木に穴を開け、樹皮をこじ開けては樹液や昆虫をエサにしている。つまり、一年を通して食料が手に入り、開けた穴は安全な巣穴として利用できる。当然のことながら、キツツキはとても繁栄しているのでほぼ世界中に分布している。種は二〇〇種におよび、その多くはどこでもよく目にされている。

進化を重ねてキツツキのようになるのはどれほど難しいことなのだろう。実はそれほど難しいものではないようだ。キツツキには数種の近縁種が存在する。キツツキという種は木をつつき、樹皮をはぐために特別な適応を遂げてきた。こうした適応のなかには、ノミのようなくちばし、木の粉が入らないように羽で守られた鼻、厚い頭蓋骨、じょうぶな首の筋肉と、木の幹に押し当てて突っかい棒として使う硬い尾が含まれる。

どの適応をとっても、無線機を組み立てるほど複雑なものではないだろうし、いずれの適応もほかの鳥にも共通してうかがえる特徴を基礎にしている。そうであるなら、こんなふうに思われるかもしれない。木をつつくという適応をひとまとめにしたものが繰り返し何度も出現して、その結果、いまでは大型の動物も木に穴を開け、エサを探したり、巣穴にして暮らしたりしているのではないのだろうか。しかし、ほかの動物でキツツキの生活様式というすばらしいチャンスを楽しめるように進化したものはこれまで存在していない。このすばらしいチャンスが活用されることはまったくないままだ。もし、木をつつくという進化が、地球上の生命の歴史において、たった一度起きただけの進化であるなら、無線機を生み出すという進化が、はたして宇宙でも何度となく起こりえた進化だと考えてもいいのだろうか。

食料のドングリを貯蔵するドングリキツツキ。木をつつくというすばらしい生活様式をもっているにもかかわらず、地球上でこの様式にしたがって進化してきた生き物はたった1グループだけだった。地球以外の星に知的生命体が存在する可能性を考えるうえで、この事実はなんらかのヒントを授けてくれるのではないだろうか。

生物学と無線通信の進化

無線機を作り出すことが木をつくることと同じようなものであるなら、たとえ私たち人間がそれを完全に作り上げた唯一の種であるにしても、その一部となる要素を生み出した生物がいたかもしれない。つまり、シチメンチョウは送信機を発明したが、受信機はまだできていないとか、カンガルーは受信機を完成させたが、送信機がどうしてもできないということだ。化石が記録しているのは、古代は海底だった遺跡から五ワットの送信機が見つかり、最後の恐竜の骨といっしょに二〇〇ワットの送信機が発見され、サーベルタイガー（剣歯虎）は五〇〇ワットの送信機を使い、そして、人類によってようやく宇宙に向けて発信できるほどの高出力の送信機が完成した。

しかし、そんなことはまったく起きていない。現生人類は二世紀前まで無線機という概念さえなかった。最初の実用実験がおこなわれたのは一八八八年のことである。この地球に生存する何十億という種のうち、たったひとつの種だけが無線機を発明しようという傾向を示し、しかも、その生物であっても自分の七〇〇万年におよぶ歴史のうちの、七万分の六万九九九九はそれに手を出すことはなかった。一八〇〇年早々に地球にきた宇宙の訪問者なら、この惑星で無線機が発明される望みは皆無に等しいと記録したことだろう。

無線機の例はかなり具体的だ。では、無線機を作るために必要とされるもっと一般的な資質についてはどうだろう。こうした資質のなかでも中心となるのが知能と器用さで、手先が器用だからこそ対象を繊細に操ることができる。地球上の生物でこのいずれかを備えているものはほとんどいないし、人間と同じ程度でこの能力を身につけている動物は存在しない。

人間以外でこうした知性と器用さをわずかにもつ唯一の動物が、ボノボとコモンチンパンジーだ。しかし、種の生存という点から見れば、いずれもあまり成功しているとは言えない。この地球で本当に繁栄している生物はネズミやカブトムシの類いで、いたるところで大いに繁栄している。しかし、ネズミもカブトムシも世界中に分布して、これほど大規模に繁殖したのは知性や器用さとは違う別の方法によるものなのだ。

宇宙の静けさは神のおぼしめし

「緑の岸辺の方程式」の最後の変数が関係しているのは、テクノロジーを高度に発達させた文明はどのくらいの期間存続するのかという問題だ。無線機を生み出すために必要な知能と器用さは、ほかの目的にも役に立つものであり、その目的には環境破壊や大量殺人などの道具を作ることも含まれている。この地上において、いま私たちは文明の元凶になった自業自得の災厄で苦しんでいる。半ダースもの国が私たちのすべてを一瞬にして死に追いやる手段を保有し、ほかの国は国でその手段を手に入れようと躍起になっている。

私たちが無線機を発明できたのはまったくの偶然で、しかも、人類を全滅させることのできる技術に先立って無線機を発明できたのは、発明そのものをうわまわる偶然だった。私たちの歴史をふりかえれば、どこか別の惑星で文明が生まれていたにせよ、その寿命は短いものだったのかもしれない。ちょうどいま私たちが渡ろうとしている橋のように、その進歩を一夜にしてくつがえしてしまったのだろう。

もしそうなら、私たちは本当に運がよかった。それにしても呆れるのが天文学者たちであり、地球外生命体を探すために何億ドルもお金をかけようとしながら、もし、そんな生命体が本当に見つかったときに（あるいは向こうが私たちを見つけたら）いったいなにが起こるのか真剣に考えようとはしてこなかった。人間と宇宙人が腰をおろして楽しい話に興じるとでも言うのだろうか。彼らは進んだテクノロジーを私たちに分け与えてくれるのだろうか。

ここでもう一度、地球で起きた経験が貴重な参考を示してくれる。私たちは、すでに知能はとても高いが、技術的には人間よりも劣る二種の生き物を知っている。ボノボとコモンチンパンジーだ。彼らに対する人間の対応はいっしょに腰をおろし、意思を交わそうと試みることだったただろうか。確かにそんな例もいくつかあったとはいえ、大半は銃で撃ち殺したり、解剖したり、その腕を切り取って飾り物にしたり、あるいは、檻に閉じ込め、医学の実験材料として使って病気を感染させ、その生息地を破壊するかあるいは奪い取ってきた。人類の歴史を通じ、自分たちよりも技術的に劣る人間を発見した探検隊は、決まって相手を撃ち殺すか、新しい病気をもちこんで徹底的に命を奪うか、その領地を破壊するか、あるいは強引に奪い取ってきた。

高度に発達した地球外生命体が人間を発見すれば、どんな宇宙人もわれわれ人間をこれと同じように扱うだろう。もしも私たちの電波が届く距離で、それを受信できる文明が存在するのなら、ただちに送信機のスイッチを切り、相手の目から逃れなくてはならない。さもなければ、私たちは一巻の終わりだ。

私たちにとってはありがたいことに、宇宙から聞こえてくるのは耳に痛いほどの静けさである。宇宙の向こうには何十億という銀河があり、何十億という星が存在する。そのなかには送信機をもつ星もいくつかはあるだろうが、それほど多くあるというわけではなく、その寿命も長いものではないだろう。キツツキが空飛ぶ円盤について教えてくれることは、どうやら私たちがそれを目にすることは起こりそうにもないということだ。実際にあらゆる点から考えても、星々でひしめくこの宇宙で私たちは一人ぼっちで存在している。とりあえずは、ほっとひと安心である。

ニューギニアの湖に着水した飛行艇のうえに並んだアーチボルド探検隊。一行は1938年におこなわれた探検でダニ族を発見した。ニューギニア西部のバリエム渓谷でそれまでダニ族は外部の世界に知られることなく、数世紀のあいだ孤絶した状態で生きつづけてきた。

第4部　世界の征服者

言葉と農業と高度な技術——私たちの文化的特質のなかでも、この三つによってヒトの存在はきわめてユニークなものになりえている。地球上に人間が広がっていき、世界の征服者になりえたのもこれらのおかげだ。そして、この世界征服の過程において、異なる集団同士の関係をめぐり、ヒトという種は基本的な変化を遂げていった。第4部ではこうした変化が、なぜ、どのようにして起きたのか、そして私たちの未来に対してこの変化がどのような意味を担っているのか、それらについて考えてみることにしよう。

大半の動物は、この地球上のごく限られた地域にしか生息していない。ニュージーランドのハミルトンガエルなら、森林の地上〇・一五平方キロメートルの一画と六〇〇平方メートルの岩畳に限られている。かつてはヒトもアフリカの温暖な非森林地域にしか生息していなかった。いまから五万年前においてさえ、ヒトの分布域（地球においてヒトが生息している地域）は、アフリカやユーラシアの温帯から熱帯地域に限られていた。それから人間は、オーストラリアとニューギニア（約五万年前）、ヨーロッパの寒冷地（三万年前）、シベリア（二万年前）、南北アメリカ（一万一〇〇〇年前ごろ）、ポリネシア（三六〇〇年から一〇〇〇年前）へと生息地を広げていった。今日、私たち人間は、地球の全大陸と全海洋を占拠もしくは少なくともそのすべてに足を踏み入れ、いまや宇宙や深海にも探索の手を伸ばそうとしている。

私たちの領土拡大は、ただ未開の地に移動していくことを意味しない。それは、あるヒトの集団が別の集団を征服して追い払うとか、あるいは殺害することでもある。ほかの集団の領土を植民地にするとそこに定住し、武力や政治力による支配を打ち立ててきた。私たちは未踏の世界だけでなく、互いの集団にとっても征服者だったのである。この領土拡大を通じ、人間のもつもうひとつの特徴が明らかになっていく。自分と同じ種の仲間を大量に殺害するという性質だ。この性質は動物界にもうかがえる特質に根差したものだが、しかし、人間の場合、動物の限界をはるかに超える規模で殺戮を繰り返してきた。互いに殺しあうというヒトの性向こそ、種としての私たちに衰退をもたらしかねない理由のひとつなのである。

以下の三つの章では、ヒトの生息分布の拡大がどうやって言語と文化の興隆をもたらしたのかを見ることにしよう。ある民族がほかの民族を征服できるほどの優位性をどうやって獲得したのか、その疑問について検証してみる。それとともに、歴史上最近になって起きた最大規模の移動、つまり近代ヨーロッパ人によるアメリカ大陸とオーストラリアへの領土拡大を検証する。

最後に人間性に宿る暗黒の一面、すなわち「よそ者嫌い」という、自分と異なる人間に対して恐怖を覚えるヒトの性向についても考えてみよう。動物界において、よそ者嫌いはごくありきたりの競争に根差すものだが、同じ種である相手を大量に殺戮できる遠隔兵器を生み出したのは唯一ヒトだけである。人間のジェノサイドの歴史をふりかえれば、恐怖に満ちた現代の戦争を引き起こした人間の醜い伝統が浮かび上がってくるだろう。

第11章

最後のファーストコンタクト

一九三八年八月四日、人類史上、長く続いてきたひとつの段階が終わりの時を早めていた。この日、アメリカ自然史博物館が派遣した生物学探検隊が、ニューギニアのバリエム渓谷の西部地区に、外部者としてはじめての一歩を踏み入れたのである。植物が生い茂る渓谷は、ナイフのようにとがった急な尾根と尾根をおおうジャングルにはばまれ、島の海岸部からはその姿を閉ざしてきていた。ここは長いあいだ無人の土地だと見なされていたが、誰もが驚いたのは、この渓谷には五万人というおびただしい数の人たちがいて、石器時代の暮らしを送っていたのだ。ここに人間が住み着いていることは誰も知らず、住民たちもまた自分たち以外にも人間が存在して、しかも谷の向こうにも世界が広がっていることなどまったく知らなかったのである。

探検隊は未発見の鳥や哺乳類の調査でバリエム渓谷の内側に足を踏み入れた。そこで発見したのが現在、ダニ族として知られる未発見の人間社会だったのである。一九三八年のバリエム渓谷の調査は、高い文化と外部の世界を知らないまま暮らしてきた大規模な人間集団とのあいだでおこなわれた、最後のファーストコンタクトのひとつとなった。そして、この出会いは、人類が何千という小さな社会から、世界の知識を備えた世界の征服者になる過程において画期的な出来事となるものだった。一九三八年の出会いがいかに重要であるかを知るには、「ファーストコンタクト」について理解しておく必要があり、そして、この出会いがどのように人間社会を変えてきたのか知るためにも、その理解は欠かすことはできない。

ファーストコンタクト以前の世界

動物たちの多くが占める地理的な範囲は、地球上のごく小さな地域に限られている。いくつかの大陸にまたがって生息していても、別の大陸に住む動物が互いに行き来することはない。そのかわり各大陸で、通常は当の大陸のごく限られた地域において、動物は自分自身の独自な集団を形成するようになる。この集団はごく近くにいる同種の動物とは接触をもつが、同種とはいえ遠くのメンバーになると顔を合わせることはない。

動物の集団が地理的に限られて分布している事実は、種の地理的な変異にも現れている。同じ種でも生息地域が異なると、外見が違う亜種へと進化する傾向があるのは、繁殖が同じ集団のなかで繰り返されていくからだ。たとえば、アフリカに生息するローランドゴリラには、ヒガシローランドゴリラとニシローランドゴリラの二つの亜種が存在している。ヒガシローランドゴリラが西アフリカに現れることは絶対にないし、逆にニシローランドゴリラが東アフリカで目にされることはない。いずれも同じ種に属しているものの、生物学者ならひと目で見分けがつくほど外見上の違いははっきりしている。

ヒトの場合、進化の歴史のあらかたを通じて典型的な動物である状態が続き、集団は地理的にはっきりとした特徴をもつ地域にとどまりつづけた。そして、いずれの集団もその土地の気候や病気に対応するために遺伝的に形づくられていく。人間の場合、さらに言葉や文化の違いは、みだりにほかの集団と混血することを妨げていた。

私たちは自分を旅好きの人間だと考えているようだが、数百万年前では実情は正反対だった。自分たちの土地と近隣の集団の土地の向こうに広がる世界については、どの集団もまったく無知だったのである。近隣の集団とは交易をおこなっていたものの、自分たちこそ世界に存在する唯一の人間だと考えていた集団も存在していた。たぶん、地平線の向こうにのぼるたき火の煙や、川をくだってくる無人のカヌーが、自分たち以外の人間も存在する事実を示していたのだろう。しかし、ほんの数キロ先のところに相手が住んでいたとしても、自分の領地を出て、見知らぬ他人に会いにいくことは、わざわざ自分から命を落としにいくようなものだった。領地に侵入してくる者を許容するような気持ちはまったくもちあわせていない。関係のない見知らぬ人間を受け入れるという発想は、わけのわからない人間が自分の家の玄関先に現れるのと同じぐらい想像を絶することだったのである。

政治制度や技術が進み、もっと遠くの土地まで旅をする人間が現れ、別の文化のもとで生きる人びとと会い、それまでじかに訪れるはずのなかった土地や人間について知ることができるようになったのは、たかだか数千年前のことだった。こうした変化は、一四九二年にコロンブスが新大陸に到着するとスピードアップしていく。今日では、外来者とのファーストコンタクトをいまも待つ部族は、ニューギニアや南アメリカにほんのわずかなグループが残っているぐらいだろう。しかし、ファーストコンタクト以前の世界（私たちの世代でついに消滅してしまうだろう）は、人類の文化に生じた多様性をひもとく鍵を握っているのである。

隔離状態と多様性

インターネット、映画、テレビのおかげで、今日では足を運んだことのない世界各地の様子であろうとじっくりと見ることができるようになった。もちろん本でも読むことができる。言葉の壁もこうした情報の流れをはばむものではなくなったのだ。どのようなマイナーな言葉を話す地域でも、英語のような世界の主要言語を知っている人間が一人ぐらいはいる。外の世界に関して、世界に存在するほぼすべての村について偏見のない話をじかに聞けるようになるとともに、自分たち自身についても外の世界に語れるようになった。

ファーストコンタクト以前の人たちは、外の世界をその目で直接見ることができなければ、それを知る手立てもまったくなかった。かりに外の世界に関する情報が届いたとしても、その情報はさまざまな言語に通訳されながら、多くの人たちによって次から次へと伝えられてきた話であるため、いずれの段階でも正確さを取りこぼしていた。たとえば、ニューギニアの高地人の場合、一六〇キロ向こうに広がる海というものの存在を知らず、すでに何世紀にもわたって自分たちの島の海岸を歩き回っていた白人についてもまったくなにも知らなかった。ニューギニアの高地人に対して、ファーストコンタクトは圧倒的な影響を与えたが、そのすさまじさは現代の世界に生きる私たちの想像を絶するものだった。

ファーストコンタクトは、高地人の物質文化に革命をもたらした。鉄製の斧のような道具が、石の斧よりも優れている事実はたちどころに受け入れられた。探検隊に続いて宣教師や政府の役人がここを訪れ、食人俗《カニバリズム》、部族間の戦争、一夫多妻などの長きにわたって続けられてきた習慣をやめさせ、高地人の文化を変えていった。目の当たりにした新しい道具や習慣を気に入って、それまでの風習が進んで捨てられた場合も少なくなかった。だが、さらに根本的な変革が高地人の世界観をめぐって起きていた。彼らと彼らの隣人はもはや唯一の人類ではなくなり、彼らの生き方もまた唯一のものではなくなっていたのである。

一九三八年に探検隊がバリエム渓谷に足を踏み入れたのは、ダニ族にとってみれば分岐点にほかならなかった。そして、同時にそれは人類の歴史においても分岐点だったことを意味した。人間の集団はかつてファーストコンタクトを待ちながら、程度の差こそあれ、いずれも隔離された日々を送っていた。その一方で、ごく少数の集団が今日まで隔離された状態にあるのは、いったいどんな違いが引き起こしたのだろう。この問いに対する答えは、隔離状態をはるか以前に終えた地域と、現代になっても隔離された状態にいた地域を比べることで見えてくるはずだ。また、

欧米で刊行されたニューギニアの観光ガイドを見るダニ族の男性と子どもたち。

ファーストコンタクト後に起きた急激な歴史的変化を研究することもできる。こうした比較研究からわかるのは、数千年におよぶ隔離の期間に育まれた文化的な多様性の多くが、遠隔地の人びとと接触したことによって徐々に消し去られていったということである。

◉焼き捨てられた芸術

隔離によって文化的な多様性が育まれる一方で、外部との接触で文化の多様性がいかに損なわれていくのだろうか。ニューギニアにおけるファーストコンタクト以前・以後の芸術の多様性に、その典型的な例を見ることができるだろう。

ニューギニアでは、かつて彫刻や音楽やダンスの様式は村によって大きく異なっていた。セピク川沿いやアスマット湿地の村で作られていた彫り物は、その質の高さから現在では世界的にも知られている。しかし、ニューギニアの村人は強制されたり、あるいは言いくるめられたりして伝統的な芸術をどんどん捨て去ってきた。たとえば、一九六五年、五七八人しかいない辺鄙な小村を私が訪ねたときのことだ。この村でたった一軒の商店を牛耳っていた伝道教会が村人をそそのかし、こんなものはすべて燃やしてしまえとたきつけていた。この宣教師に言わせると、これは「異教徒の贋物」だったのである。

一九六四年、ニューギニアの遠く離れた村をはじめて訪れたときには、丸太のタイコや昔か

19 世紀の終わりから 20 世紀初頭にかけてニューギニアで制作された彫り物。このような芸術作品は収集家や美術館の高い評価を得ているものの、世界をとりまく文化の多様性が収斂していくのにともない、作品の多くはすでに破壊され、制作技術も忘れさられてしまった。

らの歌が聞こえていた。一九八〇年代にふたたび訪問すると、聞こえてくるのは電池式の大型ラジカセが鳴らすギターとロックだった。ニューヨークにあるメトロポリタン美術館に展示されているアスマット族の彫刻を見た人、あるいは息もつかせぬ速さで打ち鳴らされる丸太のタイコの二重奏を聞いたことがある人なら、ファーストコンタクト後に失われた芸術的悲劇がいかに大きいものであったのかはよくわかってもらえるだろう。

失われた言語

文化の多様性は言語の多様性にも認められる——これまで本当にたくさんの言語が消滅してきたのだ。現在、ヨーロッパには約五〇の言語が残っているが、それらのほとんどはインド・ヨーロッパ語族と呼ばれる単一の語系に属している言語だ。これに比べるとニューギニアの場合、面積ではヨーロッパの一〇分の一以下、人口では一〇〇分の一に満たないにもかかわらず、言語の数は数百にもおよんでいる。しかも、それぞれの言語の多くは、ニューギニア内外で確認されたどんな言語とも関連性が認められていない。ニューギニアの平均的な言語とは、一六キロぐらいの距離で互いに離れればなれに暮らしている二〇〇〇～三〇〇〇人程度の人びとが使っている言葉なのだ。

かつての世界もまたこうだったのだろう。農業が勃興して少数の集団が自分たちの言語を広い地域にわたって広める以前、隔離されていた各部族はそれぞれ独自の言語をもっていた。インド・ヨーロッパ語が拡大を始めたのはせいぜい六〇〇〇年前にすぎないが、拡大の結果、西ヨーロッパではそれ以前に使われていた大半の言語は消滅してしまった。二〇〇〇～三〇〇〇年前のアフリカでも同じようなことが起きていて、バンツー語族の拡大でサハラ砂漠以南のアフリカの言語のほとんどが消えた。南北アメリカでも、数百というインディアンの言葉がこの数世紀のあいだに消え去っていた。

言語が少なければ世界中の人びとが意思を交わしやすくなるので、消滅はむしろいいことではないのかとも考えられる。そうかもしれないが、ほかの面ではまったく望ましくはないのだ。言語はそれぞれ構造や語彙が異なっている。感情や因果関係や個人的な責任をどう表現するかという点でも異なる。人間の思考をどう形づくるのかという点でも言語によって異なる。だから、この言葉こそ最善だというたったひとつの言語は存在しない。そのかわり、目的が異なればもっとそれにふさわしい言語が存在している。言語が死に絶えてしまうとは、かつてその言葉を話していた人たちが抱いていた独自の世界観を知る手段さえ失ってしまうことになるのだ。

人間社会のもうひとつのモデル

ニューギニアは、文化的慣行の多様さと幅の点においても、現代世界の同規模の地域には見られない広がりをもっている。隔離された部族では、ほかの世界の人たちには受け入れがたいような社会的実験であっても、それを存続させていくことができたからだ。たとえば、自分の体の一部を意図して変形加工する身体変工、あるいは食人俗《カニバリズム》のパターンも部族ごとに違っているのだ。子育てをめぐる習慣も徹底した放任主義から、トゲだらけのイラクサを顔にこすりつけて子どものいたずらを懲らしめたり、あるいは子どもを自殺に追い込むほど過酷な抑圧を加えたりするなど千差万別だ。

バルア族の場合、同じ部族内で、男たちは一軒の大きな家に若い少年たちといっしょに暮らしながら、妻や娘や幼い息子の住む家をそれぞれ別にもっていた。ツダヘ族の場合はこれと対照的で、二階建ての建物で暮らし、一階には女性と赤ん坊、未婚の娘と豚が寝起きし、男性と未婚の少年はこの建物の二階に住み、建物の外に設けられたハシゴを使って出入りをしている。

身体変工や子どもの自殺がやむだけに限られるなら、現代世界の文化的多様性が失われても、その喪失を悼《いた》みなどはしない。しかし、現在、世界に君臨する文化的慣習をもたらした社会は、軍事力と経済力によって世界を牛耳っている。その特質は、かならずしも人類の幸福を培って、長きにわたる人類の生存をうながしたりするようなものではないのだ。

いまのところ消費主義と環境開発は私たちの役には立っているが、将来を考えた場合、それらは決して好ましい兆候とは言えない。多くの人が本に書いているように、老人への対応、思春期の若者に見られる無軌道と抱え込んだストレス、有害な化学物質の乱用や拡大する格差など、アメリカ社会の姿はすでにかなり病んでいる。こうした個々の問題に対し、はるかに優れた解決策をもっているニューギニアの社会はひとつや二つではないのだ（ファーストコンタクト以前はもっとたくさん存在していた)。

惜しいことに、これら人間社会の代替モデルは急速に姿を消しつつある。ニューギニアのバリエム渓谷に匹敵するほどの未接触の集団はすでにどこにも存在しない。一九七九年、私がラウファー川で調査をしていると、宣教師らが四〇〇名の放浪する部族を発見したばかりで、さらにこの宣教師たちは、上流に向かって五日いった地点で別の未接触の部族にも遭遇したと報告していた。二〇一一年、ペルーとブラジルの国境周辺に広がるアマゾンの熱帯雨林上空を飛行中の航空機から、映画制作会社の一行がやはり未接触の部族の小集団をビデオにとらえた。小規模な部族の発見はいまも続いている。だが、二十一世紀の早い時期でこうしたファーストコンタクトも最後になり、ヒトの社会性に関する多様性の隔離実験も最後の時を迎えるはずだ。

ただ、最後のファーストコンタクトは、文化の多様性の終わりを意味しない。それどころか、テレビが普及し、人びとは旅行に出かけるようになり、またインターネットが登場してからも、文化的多様性の多くがいまも生き残っていけるのだとはっきりした。とはいうものの、孤立した集団が世界的な人口集団へと変化していくことは、多様性の点では圧倒的な消失を意味する。こうした消失はやはり悲しむべきだが、そこにも肯定的な面がないわけではない。それは、文化が融合して新たな文化が育まれていくという希望だ。見知らぬ人間に向けられた恐れと憎しみ、つまり私たちが抱くよそ者嫌いを大目に見ていられるのも、種としての人間を破滅に追い込む方法をもっていないあいだだけなのだ。そして、核兵器を保有するようになった現在、自分を地球規模で共有する同じ文化の一員だと見なすことこそ、それに対する最善の方法にほかならないだろう。文化の多様性が消えていくということは、私たちが生き残るために払わなくてはならない代償なのかもしれない。

第12章
思いがけずに征服者になった人たち

わずか五〇〇〇年前までは、新大陸に住む人間は一人残らずアメリカ・インディアンだった。オーストラリアには、アボリジニと呼ばれる先住民しか住んでいなかった。いったいヨーロッパからやってきた人間たちは、どんなふうにしてアメリカ大陸やオーストラリアにいた先住民のほとんどすべてに取って代わることができたのだろう。

そして、この問いは次のように言い換えられる。つまり、技術と政治的な組織の発達が、なぜユーラシア大陸ではもっとも早く進展し、アメリカ大陸やサハラ砂漠以南のアフリカではその発達が遅れ、オーストラリアでもっとも遅きに失してしまったのだろうか。一四九二年、ユーラシア大陸に住む人間集団の大半は鉄器を使い、文字や農業をもち、また、外洋を行き来できる船をもつ巨大な中央集権国家に暮らし、工業化さえきざしはじめていた。アメリカ大陸でも農業はおこなわれていたが、中央集権化はまだほんの一部で、文字も限られた一部の地域でしか使われておらず、外洋船もなければ鉄器もなかった。オーストラリアには農業も文字も国家も外洋船も存在していない。人びとは石器を使い、それはユーラシアにおいて一万年前に使われていた石器に似ていた。

この質問に対して、十九世紀のヨーロッパ人は、なんの変哲もない人種差別主義の答えをもっていた。自分たちの文化が一歩先んじていたのは、ほかの人間集団よりも自分たちは優れた知性をもっているからだと考えたのだ。だから、自分たちよりも〝劣等な〟人間を支配し、それに取って代わったり、あるいは殺戮したりするのは自分たちの使命であるとさえ考えていた。こうした答えは、単におぞましくて傲慢なばかりでない。考え方そのものが誤っているのだ。育った環境に応じて、人が得られる知識には大きな違いが生じる。民族間や文化間に遺伝的な違いにともなう知能の差があることを示す、十分な証拠などこれまで発見されたことはない。ヨーロッパ人はほかの大陸へと広がっていき、その逆の現象が起こることがなかったのは、技術と政治的な違いによるものであり、生物学的に優れているとか、優れた人種だからではないのだ。

地理と文明

大陸間で知能が異なる遺伝子が存在しなければ、なぜ世界の文明はこれほどの違いをともないながら発達していったのだろう。その答えは地理的な影響にあるのではないかと私は考えている。文明を成り立たせている資源、とりわけ穀物化できる野生の植物や家畜化できる野生動物の分布は大陸ごとに異なる。こうした有用な動植物の種が、ある地域から別の地域へと容易に広がっていけるかどうかという点でも大陸間では違っていた。地理学と生物地理学（地域的な分布にしたがい、動植物の種のパターンや生態系を研究する学問）の要因に基づいて、人間の生活は過去何千年にもわたって形づくられてきたのだ。

なぜ、動植物についてこれほど力説する必要があるのか。第8章で私は、農業と牧畜がもたらす不利益について説明した。だが、単位面積当たりの収穫量を比べると、農業によってはるかに大勢の人間を養うこともできるのだ。ほかの人の手になる余剰作物を別の人間を養うために蓄えておくことで、こうした人びとは冶金業や手工業や文筆業、職業軍人として専念できるようになった。家畜は肉やミルクだけでなく、衣服用に毛や皮、人や荷物を運ぶための動力も提供する。鋤や荷車を引かせることで、人間の筋肉だけに頼ったときに比べると、農業の生産性ははるかに高まった。

農業と牧畜が出現した結果、ヒトの人口は人類が狩猟採集民として生きた紀元前一万年前の一〇〇〇万人から、今日の七〇億人以上へと増加していった。中央集権国家の誕生には人口密度の上昇が不可欠だ。だが、人口密度の上昇にともなって伝染病も広まっていく。伝染病にさらされた集団には、死亡する人間がいる一方で、病気に対する抵抗力を獲得していった集団もいた。これら要因のすべてによって、誰が征服者となり、誰が植民地化されるのかが決定された。

もっていた遺伝子が優れていたから、ヨーロッパ人はアメリカ大陸とオーストラリアを征服できたわけではないのだ。彼らが征服できたのは、もっていた病原菌（とくに天然痘）のせいであり、武器や船舶などの進んだ技術、文字による情報の蓄積、政治体制のおかげだったのである。そして、これらすべては地理にうかがえる大陸間の違いから生じたものだったのである。

家畜化された動物の違い

西ユーラシアでは、紀元前四〇〇〇年ごろまでには「ビッグ5」と呼ばれる家畜がすでに飼育されていた。現在でも広く飼われているヒツジ、ヤギ、豚、牛、馬の五種類の家畜だ。また、東アジアでは、牛にかわってヤク、水牛、ガウル、バンテンなど四種のウシ科の動物が家畜化されていた。いずれも食べ物、動力、衣服を人間に供給していたが、軍事的な価値という点で抜きん出ていたのが馬である。十九世紀を迎えるまで、馬は戦車であり、トラックであり、そしてジープでもあった。

アメリカ・インディアンはなぜ、同じようにアメリカ大陸の在来種を家畜化しなかったのだろう。マウンテンシープ、シロイワヤギ、ペッカリー（野生種の豚）、バイソン、アメリカバクなどの動物だ。そして、オーストラリアの先住民が戦闘用のカンガルーにまたがってユーラシアへと攻め入り、相手を震え上がらせることはなぜ起こらなかったのだろうか。

その答えとして、家畜化できる動物は世界でもごく数種に限られていることが明らかにされている。動物の多くはペットとして飼いならすという第一段階には達する。私もニューギニアの村で、人によくなれたオポッサムやカンガルーは何度も見ていたし、アマゾンの村々でも人になれたサルやイタチを目にしていた。古代エジプトでは、ガゼルやレイヨウやツルに加え、ハイエナやキリンさえペットとして手なずけていたようなのだ。古代ローマの兵隊は、将軍ハンニバルがアルプスを越えて連れてきた訓練済みのアフリカゾウによって蹂躙された。

しかし、こうした家畜化の試みは、結局すべて失敗してきた。家畜化とは、個々の野生動物を捕獲し、人間に素直にしたがうよう調教するだけではなく、飼育動物を繁殖させていくことでもある。それもただ繁殖させるというのではなく、人間にとって望ましい特徴、たとえば従順な性質を備えているとか、厚い毛をもっているとか、進んで荷物を運ぶといった特徴をもつ子孫を産みそうな個体を選んだうえで繁殖させていく。時間をかけて繁殖させていくことで、人間はこれという特質をもつ野生動物を、自分の役に立つ生き物へとさらに変えてきたのだ。

馬が家畜化されたのは紀元前四〇〇〇年ごろであり、それから数千年後にトナカイが家畜化された。以来、ヨーロッパでは大型の哺乳類は家畜化されていない。現在、家畜として飼われているごく数種の動物は、数多くの野生種の家畜化が図られ、そして断念されたあとに残った動物たちなのである。

家畜化を成功させるには、野生動物もしかるべき特徴を備えていなくてはならない。まず、ほとんどの場合において、社会性をもつ動物でなくてはならない。つまり、群れの一員として生きる動物であるということだ。こうした動物は群れのなかで有力な仲間にしたがうのを本能的に知っているので、群れのリーダーから人間へと服従行動を切り換えることができる。つまり、社会性をもつ動物の飼い主は、当の動物の序列においてトップとして君臨することになる。社会性をもつ動物の場合だと、かりに相手との種が異なっていても、交流できる能力が生まれつき備わっている。猫やフェレットの場合、単独性で社会性とは無縁なのだが、そうした種にあって唯一家畜化することができた動物なのである。

第二に、シカのような動物は、あまりに神経質なので家畜には向かない。危険の気配を感じるや、その場に立ち止まることなく一目散に逃げ去っていく。シカの仲間は世界に数十種類いるものの、そのなかで家畜化が成功したのはトナカイだけである。トナカイ以外については、逃走反応やなわばり反応、あるいはその両方を理由に家畜化の候補から締め出された。

最後に、動物園の関係者がよく気落ちしているように、食べるものに恵まれ、健康であるにもかかわらず、飼育されている動物の場合、檻や囲いのなかではどうしても子どもを産もうとはしないことである。役に立ちそうだと思われる動物を家畜化しようとする試みの多くが、飼育下にある動物を繁殖させる難しさでだめになった。世界でもっとも繊細な毛をもつビクーニャは、南アメリカのアンデス山中に住むラクダの一種だ。これまで家畜化が図られてきたもののうまくいった牧場主は一人としておらず、その体毛はいまだに野生のビクーニャを捕まえてとるしかない。古代の中東地方から十九世紀のインドでは、王子たちは世界最速の地上哺乳類であるチーターを狩猟のために飼いならしていた。しかし、こうした狩猟用のチーターはいずれも捕獲されたものだった。飼育下にあるチーターの繁殖が実現したのは、動物園でさえ一九六〇年代になってからのことである。

以上の理由を考えあわせると、なぜユーラシアではビッグ5の家畜化には成功したものの、それ以外の近縁種を手なずけられなかったのか、そして、アメリカ・インディアンがペッカリーやバイソンを家畜化することができなかったのか、そのわけを理解する手がかりとなるだろう。

馬がもたらした革命

馬がもたらした軍事的な価値からすると、ごくささいな違いから、ある動物には賞賛が授けられ、別の動物には役立たずとなることがはっきりとうかがえそうだ。馬は、奇数のつま先をもつ奇蹄目に属している。馬のほかにもバク、サイが同じ哺乳類の奇蹄目の動物である。現存する一七種の奇蹄目のうち、バクの全五種とサイの全五種、それから七種ある馬のうち五種については、どうしても家畜化ができなかった。アフリカ人やアメリカ・インディアンが荒ぶるサイにまたがってヨーロッパからきた侵入者を踏みつぶす――そのような光景は決して繰り広げられることはなかった。

野生馬の六番目の種がアフリカ原産のロバで、このロバから家畜化されたロバが生まれた。荷物を運搬する駄馬としてのロバはみごとなものだが、軍用馬としては役には立たなかった。七番目の野生馬である西アジア原産のオナガー（アジアノロバ）も、古代には数世紀にわたって荷車を引いていたようだが、このロバを記した記録はどれを見ても荒々しいその気性を並べ立てている。家畜化された馬とこのロバが置き換えられるようになると、アジア人は面倒ばかり引き起こすオナガーの家畜化を投げ出してしまった。

馬は、ゾウやラクダなどほかの動物には対抗できないような革命を軍事面に引き起こした。二輪の戦闘用馬車《チャリオット》につながれた馬は、古代の戦場における無敵の戦車だった。鞍とあぶみが発明されると乗馬は以前にもまして容易になり、騎兵隊（騎乗して戦闘する部隊）は軍事上重要な位置を占めるようになった。アッティラ王が率いるフン族の騎馬兵は、ローマ帝国を破壊し、モンゴルの騎馬民の首領チンギス・ハンは、ロシアから中国にいたる帝国を打ち立て、西アフリカでは騎馬軍団による軍事王国が誕生した。

メキシコのアステカ帝国と南アメリカのインカ帝国——アメリカ大陸でもっとも人口が多く、しかも発展したこの国々を打ち倒したのは、スペインの征服者コルテスとピサロだった。いずれも手持ちの兵はわずか数百名のスペイン兵にすぎなかったが、数十頭の馬がこれを助けた。そして、一九三九年九月、ポーランドの騎馬旅団の兵士は侵攻してきたヒトラーのドイツ陸軍に決死の突撃を加えるべく馬を駆り立てていた。家畜という家畜のなかで、世界中で賞賛されてきた馬だったが、六〇〇〇年にもおよんだその軍事的重要性はついにこうして終わりを迎えた。

◉絶滅が歴史の流れを決める

十六世紀、スペインの征服者《コンキスタドール》コルテスとピサロは馬の助けを得て、アステカとインカというアメリカ大陸でも最強の帝国を支配した。アメリカ大陸には原産の馬が存在せず、アステカとインカの戦士は、馬に乗って突進してくる征服者のおそろしい姿に肝をつぶした。征服者が乗っていた馬だが、その祖先に似た野生馬はかつてアメリカ大陸にも生息していた。原産の馬が生き残っていれば、アステカやインカの指導者は自分たちの騎馬兵で猛攻をかけ、逆にスペインの侵略者の意表を突くことができたのかもしれない。だが、残酷な運命のいたずらによって、アメリカ原産の馬はこの大陸に生息していた大型哺乳類の八〇～九〇パーセントとともにはるか昔に絶滅していた（今日、アメリカ大陸に生息する野生馬はヨーロッパの探検家、移住者らがもちこんだ馬の子孫に当たる）。

この大型哺乳類の絶滅は、アメリカ大陸に最初の移住者、つまり現在のインディアンの祖先が到達したころと同じ時期に起きている。野生馬だけでなく、大型のラクダや地上性のナマケモノ、ゾウといった、家畜化が可能だったかもしれないほかの種もこのときの絶滅でアメリカ大陸から姿を消した。同様なことがオーストラリアでも起きており、人間が移住してきたのと同じ時期に、大型の哺乳類が姿を消している。結局、北アメリカのオオカミの子孫であるインディアンドッグを除くと、オーストラリアと北アメリカでは、家畜化できる野生動物はまったくいなくなってしまった。南アメリカでは、モルモット（食用）、ラクダの仲間であるアルパカ（体毛を利用）、やはりラクダの仲間であるラマ（荷物の運搬に使われるが、人を乗せるほど大きくはない）だけが唯一残された。

アメリカ・インディアンやオーストラリアの先住民は、一度として鋤や荷車、二輪戦車を動物に引かせたことはない。人間にミルクを提供して、その背に人を乗せられる動物もいなかった。ユーラシアやアフリカの文明において、動物の筋肉や風力、水力が利用されるようになってからも、アメリカ大陸の文明は人間の筋肉だけに頼りながらのろのろと前に進んできたのだ。

本書の第5部で触れているように、オーストラリア大陸とアメリカ大陸においては、最初にやってきた移住者の狩猟によって大型哺乳類の大規模な絶滅が引き起こされたのではないかと、いまでも科学者のあいだで論争が続いている。ただ、その理由はどうであれ、それから数千年後、いずれの大陸に住む最初の移住者の子孫たちも、大半の大型哺乳類が死に絶えることのなかった大陸――すなわちユーラシアやアフリカからやってきた人びとの子孫の手によって征服されてしまうのである。

植物の力

文明の誕生において、植物はきわめて重要な役割を果たしてきた。実際、現在でも人類が消費するカロリーの大半は穀類、つまり、大麦の粒や小麦の粒のように、食用可能なデンプン質の種子をもつ植物からもっぱら摂取されている。しかし、動物の家畜化の場合がそうだったように、野生種の植物全体からすれば、栽培化にふさわしい植物はほんのわずかな種類でしかなかった。なぜ、植物には栽培化が容易なものとそうでないものの違いがあるのだろう。ひとつには、こ

Entra el Exèrcito de CORTÉS triunfante en Tlascala
despues de la Victoria de Otumba.

スペインの征服者エルナン・コルテスが馬上誇らしげにメキシコの町に入っていく。スペインがアメリカ大陸の強国アステカとインカを打ち破る際に騎兵は大きな力となったが、アステカもインカも馬という動物の存在を知らなかった。

うした植物が自家受粉種であるという点だ。自家受粉種とは同一の個体で受粉ができる、つまりそれ自身で種子を結ぶことが可能なのである。小麦はそうした植物のひとつであり、自家受粉種の場合は独自に子孫を生み出していける。もうひとつがライ麦のような他家受粉の植物で、ひとつの個体の花粉は、別の個体によって受粉されなくてはならない。他家受粉に比べ、自家受粉では時間を置かず、しかも容易に栽培化することができた。人間も、自家受粉のほうが容易に選別でき、しかも望ましい純系を保っていけることに気がついた。自家受粉種の場合では、他家受粉の植物のように野生種と頻繁に交配しないからである。

オーストラリアでは、栽培化に適した野生の植物がどちらかと言えば貧弱だった。ここに住む先住民が農業を発展させられなかったのは、これで説明がつくだろう。しかし、新世界であるアメリカ大陸の農業が、なぜ旧世界のユーラシアやアフリカに遅れをとったかについてはあまりはっきりとしていない。とはいえ、現在、世界中で食べられている主要な作物の多くが新世界を発祥としている。ちょっと名前をあげるだけでも、トウモロコシ、ジャガイモ、トマト、カボチャなどがある。この謎に答えるために、新世界でもっとも重要な作物であるトウモロコシについてさらに詳しく調べてみる必要があるだろう。

すべての文明は穀物を頼りにしているが、文明が異なれば栽培した穀物の種類も違ってくる。中東とヨーロッパでは穀物と言えば、小麦、大麦、オーツ麦、ライ麦。中国と東南アジアでは、穀物とは米、アワ、キビ。サハラ砂漠以南のアフリカではソルガム、トウジンビエ、シコクビエだ。しかし、新世界では、穀物はトウモロコシだけしかなかった。

コロンブスがアメリカ大陸を発見するや、ここを訪れた初期の探検家はトウモロコシをヨーロッパにもちかえった。トウモロコシは世界中に広がり、現在では小麦に次いで、世界でもっとも広く作付けされている。今日のアメリカでももっとも重要な穀物がトウモロコシである。それでは、旧世界の文明が小麦やそのほかの穀物を糧としながら急速に発展していったように、なぜトウモロコシはアメリカ・インディアンの文明の発展を促すことにはならなかったのだろうか。

トウモロコシの栽培化にはいらいらするほど手間がかかり、ひと筋縄ではいかないわりには貧相なものしかできなかった。あつあつのトウモロコシにバター、私のようにこれが大好物の方たちにしてみれば、こんな言い方にはムッとくるだろうが、私の言うトウモロコシとほかの穀類の違いについては最後まで聞いてほしい。

旧世界には、栽培化に適しているうえに容易に育てられる野生のイネ科の植物が一〇種類以上も自生していた。その実は大粒のうえに、いずれも鎌を使えば一度でたくさんの量を簡単に収穫することができる。粉にひくのも簡単で、料理の準備も時間がかからず、翌年の収穫のために種をまくのも手間がかからない。こうした穀類は野生にあっても生産性に富んでいた。現在でも、中東の丘の中腹に自生する小麦からは、一ヘクタール当たり七八五キロの収穫を得ることができる。家族が一年間食べていける量の穀物をほんの数週間で収穫することができた。小麦や大麦が栽培化される以前から、鎌、製粉のための杵と臼、貯蔵穴を発明していた村も存在していた。こうした野生種が日々の糧にされていたのである。

小麦と大麦の栽培化は意図しておこなわれたものではない。ある日、狩猟採集民の集団が地面に座り込み、獲物となる大型哺乳類の絶滅を嘆き、考えあぐねたあげく、では今後は小麦を育てる農民になろうと決定をくだしたというわけではない。そうではなく、植物の栽培化とは、人びとがある野生の植物をほかの植物より好み、そうして好まれた植物の種子がたまたま広がっていったという、思いもよらない出来事だったのだ。穀類の場合、人びとが好んだのは、種子が大きく、脱穀が簡単で種がまとまり、ちりぢりにならないじょうぶな茎をもつものだった。

野生種が人びとの好むような栽培種の穀類へと変わるには、たった数回の変異を遂げるだけでよかった。中東地方の発掘現場から出土した小麦と大麦から、紀元前八〇〇〇年ごろにはこうした変化が始まっていたことがうかがえる。それから二〇〇〇年後、穀物の耕作は牧畜と結びつき、中近東においては完全な食料生産システムができあがっていた。もはや好むと好まざるとにかかわらず、人びとは狩猟採集民ではなくなっていた。農民や牧畜民として文明化の途上についたのである。

以上の出来事を新世界の場合と比べてみよう。アメリカ大陸において農耕が始まった地域には、野生種ですでに高い生産性をもち、大きな種子を実らせるイネ科の植物は自生していなかった。トウモロコシの祖先は確かに大きな種子をもつ野生種だったが、それ以外の点においては、これがあの前途有望な食用植物になると思わせるようなものではなかった。その野生種はブタモロコシと呼ばれている。栽培化を通じてこれほど劇的な変化を遂げた穀物もほかにはないだろう。ブタモロコシは一本の穂に六〜一二粒の穀粒しかつけず、しかも石のように固い殻に包まれていた。現在でも種子は食用にされておらず、先史時代にも食べられていたという痕跡は残っていない。

このブタモロコシを有用な植物に変える鍵が性転換だった。ブタモロコシでは、側枝の先に雄花の房がついている。一方、トウモロコシの場合、側枝の先端についているのは雌性器官でこれが穂になる。こう話していると劇的な違いのように聞こえるだろうが、実際は、菌類やウイルス、気候の変動で引き起こされたと考えられるホルモンの単純な変化にすぎない。ただ、ひとたび房の花のいくつかが雌花に転換すると、食用できる穀粒を実らせ、腹を空かせた狩猟採集民の目を引き寄せていたはずだ。房の中央にある枝はトウモロコシの穂軸のもとになるものだった。初期メキシコの遺跡発掘現場からは、五センチにも満たない穂軸の遺物が発見されている。

都市や村を支えるだけの十分な量のトウモロコシが生産されるようになるまで、それから何千年もの進展を待たなくてはならなかった。旧世界の穀物に比べ、トウモロコシの場合、最終生産物になってもまだ農民の手を大きくわずらわせていた。トウモロコシの穂は、束ねて鎌で刈り取るのではなく、一本一本手でもぎ取らなくてはならない。穀粒はほかの穀物とは違い、身離れが悪く、削り落とすかかじりとらなくてはならない。種まきもまき散らすことはできず、一粒ずつ埋め込まなくてはならなかった。そして、その結果と言えば、旧世界の穀物よりも栄養価に乏しく、タンパク質にも劣り、ニコチン酸や重要なアミノ酸も欠乏していた。

旧世界の穀物に比べ、新世界の主要な穀物は、野生植物としてはとてもではないが役に立つとは認めがたく、栽培化も決して容易ではなかったし、栽培化されたあとでさえ使い勝手に劣っていた。新世界と旧世界の文明化の大きな時間的なずれは、ひとつの植物にうかがえるこうした特質に原因していたのかもしれない。

「南北の軸」対「東西の軸」

生物地理学——つまり動植物の世界的な分布の違いによって、その地域で栽培化できる野生植物や家畜化できる野生動物は決定されている。ヒトの歴史において、地理上の条件もまた大きな役割を果たしてきたのだ。

いずれの文明も、その地域で栽培化された食用作物だけではなく、どこかよその地域で栽培化され、その後、その地域に伝わってきた別の食用作物にも依存してきた。そして、食用作物が拡散していく様子は、旧世界と新世界で異なる地理的な違いの影響を受けていた。南北に主軸が走る新世界では、食用作物が広大な地域に広がっていくのを難しいものにしたが、一方、東西に主軸が走る旧世界では拡散は容易だった。その理由は以下の通りである。

動物も植物もすでに適応している環境のもとでは、すばやくしかも容易に拡散していける。だが、これまでの環境を越えて別の気候へと浸透していくのであれば、異なる条件のもとでも耐えられる新たな品種に変化していかなければならない。地図を見ただけでも、旧世界の動植物は気

25セント硬貨（直径約25ミリ）とブタモロコシの穂（左）。現代のトウモロコシの穂（右）に比べると圧倒的に小さい。ブタモロコシは数千年の年月をかけてアメリカ大陸の主要穀物へと進化していき、現在のような膨大な人口を支えるようになった。

候の変化に出会うことなく長い距離を移動していけるのがひと目でわかる。動植物は北半球の温暖な気候地帯からはずれることなく、中国、インド、中東、ヨーロッパへと移動していった。

英仏海峡に始まり、東シナ海にいたる一万一〇〇〇キロ以上の距離にわたって、各種の穀物が途切れることなく連なっていたのだ。古代ローマでは、地元を起源とするオーツ麦とケシといっしょに中東から伝わる小麦と大麦、中国から到来したモモと柑橘類、インド原産のキュウリとゴマ、中央アジアに由来する大麻とタマネギが栽培されていた。そして、中東から西アフリカに広まった馬は、各地で戦術上の革命をもたらすことになる。アフリカのソルガムと綿がインドに到達したのは紀元前二〇〇〇年のことで、東南アジアの熱帯を原産とするバナナとヤムは、はるばるインド洋を越えて熱帯アフリカの農業を豊かにしていた。

しかし、新世界においては、北アメリカの温帯地域と南アメリカの温帯地域は、数千キロにもおよぶ熱帯地域に分断され、温帯地域に生きる種はそこに生存することはできない。南アメリカのアンデスで家畜化されたラマ、アルパカ、モルモットはメキシコや北アメリカにまで到達できなかった。ジャガイモもアンデスから北アメリカへとは広がっていけず、北アメリカ原産のヒマワリもまたアンデスへとたどり着くことはできなかった。綿、豆、トウガラシ、トマトなど、先史時代に南北両大陸で栽培されていた作物は、大陸によって品種ばかりか種そのものが異なり、これらの作物はそれぞれの大陸で独自に栽培されていたことがうかがえる。

トウモロコシはメキシコから北アメリカと南アメリカへと広まったが、その進展が決して容易なものでなかったのは明らかだ。おそらく、異なる気候帯に適した品種へと変わるために大変な時間がかかったのだろう。トウモロコシがメキシコで誕生してから何千年という年月を経た西暦九〇〇年、トウモロコシはようやくミシシッピー川流域の主要な食料になっていた。そして、トウモロコシの到来が引き金となったのが、中西部に残る謎に満ちた土塁建築文明の勃興にほかならない。

北半球と南半球を九〇度回転させた姿を想像してみてほしい。旧世界が南北に向かって伸びる軸をもち、新世界が東西に伸びる軸をもっていたとすれば、旧世界では動植物の普及はもっと遅かったはずで、逆に新世界では急速に広まっていったことだろう。こうした違いさえあれば、もしかしたら、アステカやインカがヨーロッパに向かって侵攻していたことも十分考えられなくはないのだ。

地理学が基本原則を制する

文明の勃興をめぐり、大陸間に現れる時間差は、ひと握りの天才によって引き起こされた偶然のようなものではない。それはまたある集団がほかの集団よりも知能に優れているとか、発明の才にまさっているというようなものでもないだろう。いずれにしろ、そのような違いを示す証拠はなにも存在していない。これらは、文化的発展に現れた生物地理学的な違いなのだ。一万二〇〇〇年前、もしもヨーロッパとオーストラリアに住んでいた人間集団を一人残らず入れ替えていたとしても、結局、アメリカ大陸やオーストラリアに侵攻してきたのは、ヨーロッパに移り住んだこれら元オーストラリアの先住民であっただろう。

私たち自身を含め、すべての種の生物学的進化と文化的進化の基本的なルールを決定しているのは地理にほかならない。そして、地理は、現代政治史を形づくる点においてもその役割を果たしている。政治家が地理について無知だったばかりに引き起こされた災難があった。十九世紀、アフリカを植民地化したヨーロッパの列強によって大陸は分断された。のちになって、アフリカの国々が独立を果たしたとき、国境線もいっしょに引き継がれたが、これら国境の多くは、地理はもちろん、アフリカの人びとの民族関係や経済状況とまったく無関係なものだった。

同じように、一九一九年、第一次世界大戦の講和のために結ばれたベルサイユ条約では、東ヨーロッパに新たな国境線が政治家によって引き直された。あいにくなことにこの地域について、政治家はまったくなにも知らなかった。一世代を経て、この国境線は第二次世界大戦の火種となる。中学一年生のときに数週間の授業で地理の勉強を済ませるのは、地図というものがもつ影響力を未来の政治家に教えるには十分な時間とは言えない。結局、大きな目で見てみれば、私たちがどんな人間になるのかという問題は、私たちがどんな場所に住んでいるかによって決まるものなのである。

第13章 シロかクロか

一九八八年、オーストラリアは建国二百周年を祝福した。現代国家としてのオーストラリアは、母国イギリスから二万四〇〇〇キロ離れた植民地として始まった。入植者の多くは囚人であり、懲罰として八カ月の航海を経てオーストラリアへと送り込まれてきたのだ。新たな故郷の国に着いて、なにが期待できるのか、どうやって生き延びていけばいいのか、まったく見当がつかなかった。飢餓状態がおよそ二年半にわたって続いたのち、ようやく補給船が到着した。このような厳しい始まりにもかかわらず、入植者は生き残り、開拓は成功して、民主主義が築かれていった。オーストラリアの人びとが誇りをもって建国を祝うのは、まったく当然のことだろう。

しかし、祝典はそれを抗議する人たちによって台無しになる。白人の入植者はオーストラリアの最初の人間ではなかったからだ。五万年前、この大陸に移住してきたのが、通常「アボリジニ」と呼ばれ、オーストラリア人のあいだでは「クロ《ブラック》」として知られている黒い肌をもつ人びとの祖先たちだった。イギリスによる入植が進む途中、もともとこの大陸に住んでいた先住民は殺されるか、あるいは病気によって命を落としていった。こうした理由を背景に、先住民の子孫である人たちが、白人の入植者が到着二〇〇年目を祝うこの祝典に対して、祝賀ではなく抗議の声をあげたのだ。なぜオーストラリアは黒人の国ではなくなったのだろう。そして、血気さかんな白人の入植者は、私たちがジェノサイド（大量虐殺）と呼ぶ犯罪をどのようにして犯すようになっていったのか。ある集団に属する人間を一人残らず殺戮しようとすること、それがジェノサイドである。

ジェノサイドは人間の発明か

ジェノサイドという忌まわしい犯罪に手を染めたのは、オーストラリアの白人入植者だけではなかった。それどころか、多くの人たちが知る以上に、ジェノサイドは繰り返し引き起こされてきた。「ジェノサイド」という言葉を聞くと、多くの人が思い浮かべるのは二十世紀さなかのドイツでナチスがおこなったジェノサイドだろう。第二次世界大戦中の強制収容所で、ユダヤ人や少数民族の大量殺戮が起きていた。しかし、このときの殺戮が、二十世紀に起こった最大規模のジェノサイドというわけではなかった。

これまで数百という民族が絶滅キャンペーンの標的にまんまとされてきた。世界中に散らばるおびただしい数の民族も、近い将来、その標的になる可能性を秘めている。しかし、このテーマはきわめて苦痛をともない、できることならまったく考えずに済ませておきたいし、善人であれば人は集団殺戮など犯すはずはない、そんなことをしたのはナチスだけなのだと信じていたい。

だが、ジェノサイドについて私たちが考えるのを拒むことで、結局は深刻な結果が引き起こされた。第二次世界大戦以来、そこかしこで起きたジェノサイドを制止しようともせず、次に殺戮がおこなわれそうな地域についても警戒しようとはしてこなかった。

ジェノサイドに関する疑問はいまも論争が続いている。同じ種の仲間を大量に殺すことを常習的におこなう動物などいるのだろうか。これは人間が発明したものなのか。人類の歴史を通して、ジェノサイドはまれな現象であるのか、それとも、芸術や言語のように、人間がもつごく一般的な特質として位置づけられるほどありふれたものなのか。ボタンひとつで遠く離れていても大虐殺を可能にした現代兵器の登場で、殺人に対する人間の本能的な抑制は薄れ、その結果、ジェノサイドはますますありふれたものになっていくのか。とどのつまり、ジェノサイドに手を染める者は異常者なのか、それとも異様な事態に置かれた正常な人間なのだろうか。

こうした疑問に対する答えを模索することに先立って、ケーススタディーを見ておくことは無駄なことではないだろう。その例こそ抹殺されたタスマニア人である。

地球の反対側で起こっていた撲滅

タスマニアはアイルランドほどの面積をもつ山がちな島で、オーストラリアの南東の海岸からおよそ二四〇キロの洋上に位置している。ヨーロッパ人がこの島を発見したのは一六四二年のことであり、そのころ島には五〇〇〇人ほどの狩猟採集民が住んでいた。

タスマニア人はオーストラリアのアボリジニの近縁に当たる。その技術力はたぶん現代人のなかでももっとも素朴なもので、石と木でほんの数種の道具を作っていた。アボリジニとは違い、ブーメランはなく、犬や網や裁縫も存在せず、火の起こし方も知らなかった。海を渡って長い旅に出る方法をもたず、一万年前に海面が上昇してタスマニアとオーストラリアが分断されると、以来、自分たち以外の人間と接触する機会は途絶えた。そして、オーストラリアの白人の入植者がこの隔離状態に終わりをもたらしたとき、地球上において、このときのタスマニア人と白人に匹敵するほど、互いに対する理解が乏しい異民族の出会いはかつてなかった。

一八〇〇年ごろ、イギリスのアザラシ猟の猟師と入植者がこの島に到着したとたん、二つの民族をめぐる悲劇的な衝突はただちに激しい対立に変わった。白人は島の女や子どもをさらい、男たちを殺すと島の猟場へと踏み込んでいき、この島からタスマニア人を一掃しようとたくらんだ。北東部にいたタスマニア人は、一八三〇年までに男性七二名、女性三名、そして子どもはゼロにまで減少していた。虐殺の一例をあげるなら、白人の羊飼い四名の待ち伏せにあい、三〇人のタスマニア人が殺害されたばかりか、その遺体は、現在でも一部のオーストラリア人が「ビクトリーヒル（勝利の丘）」と呼ぶ崖から投げ捨てられた。

当然、タスマニア人もこれに対抗したが、白人の攻撃はさらに激しさを増していく。白人政府は白人がすでに入植したこの島から出ていくよう、タスマニア人全員に命じて戦いの終息を試みた。兵士に対しては、入植地に在住するいかなるタスマニア人を殺してもよいというお墨付きが与えられた。生き残ったタスマニア人を集めて、近くの小島に連れていった宣教師がいた。途中、多くのタスマニア人が息を引き取ったが、かつて五〇〇〇人いた最後の二〇〇名が生き残ってフリンダーズ島に到着する。だが、島での移民生活は牢獄のようであるばかりか、島民は栄養失調と病気に苦しむ。一八六九年の時点で生き残っていた島民はわずか三名。一八七六年、最後の純粋なタスマニア人だったトルカニニという名前の女性が息を引き取ると、あとに残ったのは、白人の父親とタスマニア人の女性のあいだに生まれた数人の子どもたちだけとなっていた。

タスマニア人は数の点では少なかったが、オーストラリアの歴史において絶滅がもつ意味は大きかった。オーストラリアの「先住民問題」を解決できた最初の植民地がタスマニアだったからである。オーストラリア本土の大勢の白人が、タスマニア人と同様な解決策を欲したが、同時にそこから学んだものも少なくなかった。タスマニア人のジェノサイドは、都市の新聞社の記者が見守るなかで実行されていたため、反対する声があがっていたのだ。そこで、数においてはるかにまさる本土のアボリジニの根絶は、都市部から離れた辺境の地で実行された。

オーストラリアでは、アボリジニを銃殺したり、毒殺したりする行為は二十世紀に入ってからも続く。たとえば、一九二八年にはアリススプリングスで三一名のアボリジニが警察によって大量虐殺された。オーストラリア本土に住むアボリジニは、タスマニアのように根絶するにはあまりにも数が多かった。だが、イギリスの入植者が一七八八年に到着してから一九二一年におこなわれた国勢調査までのあいだで、おおよそ三〇万人いたアボリジニは六万人にまで減っていた。

今日、オーストラリアの白人が過去の殺害行為に向ける態度は大きく変わった。政府の方針も多くの一般の人たちの個人的な見方も、アボリジニに対してますます同情的になっている。とはいえ、大量殺害について、その責任を否定する人たちはいまも存在する。

◉ジェノサイドはなかった

一九八二年、オーストラリアの有力ニュース雑誌「ザ・ブレティン」は、この国でジェノサイドがおこなわれた事実をいまもかたくなに否定する白人がいることを示す投書を掲載した。投書の主はパトリシア・コバーンという女性で、次のように主張した。「平和を心から愛する良心的なタスマニアの入植者は、不誠実で残忍で、しかも好戦的で不潔なタスマニア人を根絶やしにしてなどいません。タスマニア人が死んだのは、お風呂にも入らないようなひどい不衛生が原因で、しかも死に対する願望があり、信仰心というものをもちあわせていなかったからです」「何千年か生きつづけたのちに白人との紛争中にたまたま死に絶えたのは、まったくの偶然にほかなりません。唯一の虐殺はタスマニア人による入植者の殺害であって、その逆はまったくありませんでした」。さらに本人の投書によると、「入植者が武装したのは自己防衛のためだけで、しかも銃には慣れておらず、一度に四一人以上のタスマニア人を撃ち殺したことは一度としてありませんでした」。

RACE

Who really killed Tasmania's aborigines?

By PATRICIA COBERN

THE descendants of the early settlers of Tasmania have been branded as the children of murderers who were responsible for the genocide of the Tasmanian Aborigine. Is this really true?

The *Encyclopaedia Britannica* Research Service says "... It is a reasonable assumption that had the island remained undiscovered and European settlement not attempted until the present day, the Aborigines of Tasmania would have already become extinct and their few relics mere bones of contention between differing schools of Pacific archaeology. Like the moa-hunters of New Zealand and the unknown race which erected the stone giants on Easter Island, the fate of the Tasmanians would have been just another Polynesian mystery instead of a colonial tragedy..."

What then was the cause of the extinction of Tasmanian Aborigines? Although the first people to settle in what was then called Van Diemen's Land were mainly convicts and soldiers there were some free settlers. These were peace-loving folks: farmers, bootmakers, shopkeepers and laborers who had been given free passage to Tasmania and land on which to settle. Only those of high moral character were given passage as settlers. They had to produce character references and be sponsored by some reputable person who had known them for many years. Few had used a gun or weapon of any kind and they knew nothing about hunting or fighting.

On the other hand, the Tasmanian Aborigines were war-like hunters. According to reports held at the Mitchell Library, Sydney, they were "fickle and unstable, and some unknown cause of offence would, in a moment, change their attitude from friendship to open hostility..."

The reports of James Erskine Calder, who arrived in Tasmania on the *Thames* in November, 1829, and who remained in Tasmania for the rest of his life working as a surveyor, should be more accurate than the writings of moderns who have never lived there. Calder said ... "the natives had much the better of the warfare..."

They had developed remarkable skill for surprise attacks. They would stealthily creep up on an isolated farm and surround it. After watching for hours, sometimes days, they would take the occupants by surprise, massacre them and burn their house and out-buildings. Then, they would move on to some pioneer family in another part of the island and repeat the massacre.

A trick frequently employed by the Tasmanian natives was to approach isolated settlers, apparently unarmed. They would wave their arms about in a friendly way and the naive settler, seeing no weapon, would greet them, often offering food or drink. When the natives were close enough to the house they would flick the spears from between their toes and plunge them into the hapless frontiersman and his wife and children. After that colonists learned to be wary of natives who walked through long grass, knowing that they could be dragging spears between their toes.

Naturally, after many of their neighbors had been massacred, settlers began to arm against attack but the superior fighting ability of the Aborigines was undeniable. More white people were killed in the so-called "black war" than Aborigines. The most Aborigines killed in any one melee was 41 of a force of several hundred who attacked the Royal Marines.

Reports of the number of natives living in Tasmania at the first white settlers' arrival in 1803 vary from 2000 to a mere 700. Some reports claim 700 would be the absolute maximum at the time of the first settlement and they were, even then, fast dying out.

The factors which killed the Tasmanian Aborigines become apparent after careful research. There were (1) their eating habits (2) hazards of birth (3) lack of hygiene (4) their marriage or mating customs (5) dangerous "magic" surgery (6) exposure to the harsh climate of Tasmania.

The eating habits of the Tasmanian natives alone were enough to wipe them out. It was their custom to eat everything that was available in one sitting. George Augustus Robinson, an authority on Aborigines, described their diet as "astounding." They ate every part of the carcass of any animal they found. Not a bone nor an organ was discarded. The hunters would sit around the fire chewing the half-cooked brain, eyes, and bones as well as the flesh of animals. The women, who were treated as less important than dogs, were thrown the worst parts of bone and gristle. Only the fur or feathers were uneaten. These were singed away on the fire.

Robinson reported seeing two men eat a whole seal. On another occasion, an Aboriginal woman was seen to eat 60 large eggs followed by a double ration of bread which had been given to her by Robinson. Even the babies consumed horrifying amounts of food. One baby of only eight months ate a whole kangaroo rat and then grabbed for more food.

Besides animals the Tasmanian natives ate mushrooms, birds' eggs, bracken, ferns, ants' eggs and shell fish of all kinds. But the eating of scaled fish was taboo to the Aborigines.

For the newly-born Tasmanian Aborigine and his/her mother life hung by a thread. When she was no longer able to keep up with the tribe the expectant woman was abandoned in the bush with a handful of food. If there was an old woman who could be spared she stayed with the mother-to-be and helped her at the delivery.

Usually, however, the woman coped alone. When the child was born she either chewed the umbilical cord or cut it with a sharp stone. The placenta was then reverently buried. The baby was cleaned with dry leaves or whatever vegetation was available and, as soon as she was able to walk, the mother slung

Early Aborigines: In Tasmania, their eating habits alone would have been enough to have wiped them out

「誰がアボリジニを殺したの？」と題されたオーストラリアのブレティン誌の記事。

集団殺戮

ジェノサイドと見られる大量殺戮は、世界中のいかなる場所でもこれまでもたびたび起きていた。だが、どうすれば「ジェノサイド」を正しく定義できるのだろう。「ジェノサイド」という語が意味するのは「集団殺戮」である。犠牲者は、特定の集団に属していて、犠牲者となる個人が死に値するような行為を犯したかどうかは関係しない。集団がジェノサイドの標的となったのは、次のような理由による。

人種　人種の一例が、白人のオーストラリア人による黒い肌をもつタスマニア人の殺害だった。

国籍　第二次世界大戦中の一九四〇年、ソ連兵によってポーランド軍の士官らがカティンの森で大量虐殺された。

民族　アフリカのツチ族とフツ族の対立で互いに殺戮を繰り返した。ブルンジとルワンダの国内でそれぞれ一九七〇年代と一九九〇年代に起きている。

宗教　たとえば、レバノンやほかの中東諸国ではキリスト教徒とイスラム教徒が互いに殺しあっている。

政治　一九七〇年代、カンボジアのクメール・ルージュ（カンボジア共産党）は何十万という同胞を殺戮した。

殺害をジェノサイドと見なすには、政府によって実行されたものでなくてはならないのか、あるいは個人的におこなわれた場合もジェノサイドとなるのだろうか。これに関する明確な答えはない。ジェノサイドにはドイツのナチスが実施したユダヤ人やジプシーの殺戮のように、周到に計画され、完全に公的な行為だったものがある。その一方で、ブラジルの土地開発業者が先住民を根絶しようと専門のハンターを雇った例のように、まったく個人的な殺害行為も存在する。政府機関による殺害と私的な殺害の両方がかかわっているジェノサイドも少なくはない。たとえば、アメリカ・インディアンは、市民個人とアメリカ陸軍の両者の手にかかって殺されている。

もうひとつの問題は死にいたらしめる原因に関している。具体的な殺害計画に基づく行為ではなく、心ない冷酷な行為で大勢の人間が命を奪われた場合、これもジェノサイドと見なせるのだろうか。アメリカの歴史からまた例をあげれば、一八三〇年代、アメリカ東南部に住むチョクトー族、チェロキー族、クリーク族などのインディアンは、時の大統領アンドリュー・ジャクソンによってミシシッピー川西部への移住を命じられた。補給物資の欠乏と厳冬の寒さのなかでの移動の途中、多くのインディアンが死亡する。ジャクソンは意図してそんな計画を立てたわけではないが、しかし、生存のために必要だったはずの措置をジャクソンは講じることはなかった。

そして、ジェノサイドの裏に潜んでいる原因や動機とはどういうものなのだろうか。複数の動機に駆られておこなわれる殺戮もあるが、動機そのものは四つのタイプに分けられる。

動機としてもっとも一般的なのは、武力にまさる側が、それに劣りながらも抵抗を続ける人びとの土地を占領しようとするときに頭をもたげてくるのだろう。このような例には、タスマニア人やオーストラリアのアボリジニのほかにも、アメリカ・インディアン、アルゼンチンのアラウカノ族の例などがある。

さらにもうひとつ一般的な動機は、異なる集団を社会の内部に抱え込み、長期の権力闘争がおこなわれている場合に関連する。ある集団が、別の集団を排除することで、闘争に対して最終的な決着を図ろうとする。歴史的に名高いジェノサイドはこの動機をおもな理由にして引き起こされた。ソ連でおこなわれていた政敵の粛正だ。ロシアと周辺諸国によってかつてソビエト連邦という国が形成されていた。一九一七年から一九五九年にかけ、ソ連政府は六六〇〇万人もの自国民の命を奪ってきた。一九二九年以降の一〇年だけで推定二〇〇〇万人もの人が死亡している。

ジェノサイドをめぐる以上二つの動機は、土地や権力の収奪に関連する。三番目の動機はスケープゴートとして殺戮されるものであり、殺す側の欲求不満のはけ口、あるいは恐怖の対象であることを理由に無力の少数派の命が奪われる。十四世紀のペスト禍では、ユダヤ人はそのスケープゴートとしてキリスト教徒によって殺された。ドイツが第一次世界大戦で敗北を喫したのはユダヤ人のせいだとして、第二次世界大戦中、ナチスによって生け贄の標的にされた。

スケープゴートとしての殺戮は、ジェノサイドの四番目の動機にもかかわる。人種的迫害と宗教的迫害である。ナチスによるユダヤ人とジプシーの抹殺は、屈折した「民族純化」の思想にある程度基づくが、一方で宗教的殺戮のリストはえんえんと続く。一〇九九年に第一次十字軍がエルサレムでイスラム教徒とユダヤ教徒を虐殺し、一五七二年にはフランスのカトリック教徒がプロテスタントを大量虐殺した。宗教や人種的迫害の動機は、こうしたスケープゴートに関連した殺戮だけでなく、土地の収奪や権力をめぐる抗争に基づくジェノサイドの原因にもなっている場合が少なくない。

動物界の仲間殺しと戦争

同じ種のメンバーを殺す動物は人間だけなのだろうか。多くの作家がそう考え、科学者のなかにも同じように考えている人たちがいる。二十世紀の高名な生物学者コンラート・ローレンツは、動物たちの攻撃衝動は、仲間殺しを抑制しようという本能、つまり生まれつき備わっている習性によって歯止めがかかっていると唱えた。しかし、人間の歴史では、武器の発明によってこのバランスがおかしくなってしまった。新たに手に入れた殺傷力を押しとどめておけるほど、私たちの本能は強いものではなかった。

しかし、近年の研究では、すべての動物というわけではないが、動物が同じ種の動物を殺している例が多数記録されるようになった。隣にいる個体や群れを殺すことで、相手のなわばりや食料、雌を手に入れられるなら、当の動物には利益がもたらされる。しかし、攻撃にはしかける側にとってもリスクがともない、ケガを負うかもしれず、命を落とすことさえある。同じ種の動物を殺すことを、潜在的なコストと利益の点から見てみることで、なぜある種の動物に限って、同種の仲間を殺すのかという理由がわかってくるかもしれない。

非社会性の動物は単独行動をとるので、同種の動物を殺すときには一頭の個体が、別の個体を殺すだけにすぎない。しかし、ライオン、オオカミ、ハイエナ、そして昆虫のアリなどのように社会性をもつ種の場合、よく組織された集団攻撃という形をとる。ある群れのメンバーが、隣の群れを大量殺戮あるいは「戦争」として攻撃を加える。種によって戦争の形は異なる。雄を追放したり、あるいは殺害したり、配偶するために雌には危害を加えないかもしれない。場合によっては、オオカミのように、雄も雌も殺してしまうかもしれないだろう。

ジェノサイドの起源を理解するうえで、とくに興味を覚えるのは人間にもっとも近縁の種であるチンパンジーやゴリラの行動だ。人間には道具を操る能力と集団で計画を立てられる能力があるので、類人猿よりもはるかに殺人的である。一九七〇年代ごろまでは生物学者なら誰もがそんなふうに考えていた。もっとも、これは類人猿が残忍であればという話だ。しかし、その後の発見から、チンパンジーもゴリラも人間の平均値と同程度には仲間に殺されていることが指摘されるようになった。

ゴリラの場合、ハーレムの雌をめぐって雄同士が争い、勝者は負けた相手ばかりか、その子どもまでも殺してしまう。成人した雄ゴリラと子どものゴリラでは、こうした闘争による死亡がおもな死因になっているのだ。典型的なゴリラの母親は、生涯で最低一頭の子どもは雄ゴリラによって殺されており、死亡した子どものゴリラの三八パーセントは雄ゴリラの子殺しによるものである。

チンパンジーが仲間を殺し、戦争をしかけるのはよく知られている。アフリカの野生チンパンジーの研究ではパイオニアのジェーン・グドールは、一九七四年から一九七七年にかけて起きた別の集団による、あるチンパンジーの集団殺戮について詳しく報告している。攻撃する側の集団には雌のチンパンジーもいて、数度にわたって隣接する相手集団のなわばりに足を踏み入れては一頭ずつ袋だたきにしていた。しまいには被害を受けている側の集団で、数頭の雄とともに雌の一頭が殺されてしまう。残された別の雌たちは、攻撃する側の集団に移るよりほかになかったのである。集団間で起きた同じように長期におよぶ抗争は、コモンチンパンジーのほかの集団でも観察されているが、ボノボでは確認されていない。

集団殺戮を企んでいるチンパンジーの様子からは、どのような意図を抱き、おおよその計画を立てているような気配がうかがえる。物音を立てず、周囲に注意しながら相手のなわばりにすばやく忍び込むと、木に座って待ちかまえ、敵だと認めた相手がやってくるとそれっとばかりに攻撃を始める。チンパンジーはよそ者嫌いという特質さえ、私たち人間と共有しているのだ。自分たちの集団に属する仲間とそうでないチンパンジーの違いがわかり、その対応の違いもはっきりとしている。

芸術、話し言葉、楽物乱用など、人間に宿るいずれの特質のなかでも、ジェノサイドは、私たちが動物の先祖からもっとも濃密に受け継いだもののひとつなのかもしれない。コモンチンパンジーは計画を立てて相手の命を奪い、隣りあう集団を皆殺しにする。相手のなわばりを征服するために戦争をおこない、雌のチンパンジーを略奪している。こうしたチンパンジーの行動が示しているのは、人間の特質である集団生活がどうして始まったのかというおもだった理由だ。つまりほかの集団から身を守るために集団生活が始まり、とりわけ武器や待ち伏せを計画できるほどの大きな脳を得てからは、その必要性は高まっていった。私たち人間は捕食者であると同時にその餌食でもあり、そのためにいやおうなく集団生活を始めるようになったのかもしれない。

ジェノサイドの歴史

残忍な性向という点では、動物界でヒトはユニークな存在ではないにしても、私たちが宿すこうした傾向は現代文明の病的な産物だと言えるものなのだろうか。物書きのなかには、〝原始的な〟社会が〝先進社会〟によって破壊されたことに嫌悪を抱き、狩猟採集民や前近代的な社会こそ、人間にとって理想なのだと考えている人がいる。そして、このような社会で生きる人たちを、平和を愛する「高貴な野蛮人」と表現して、ごく個人的な殺人は最悪の場合犯すにしても、大量殺戮に手を染めるようなことはないと考える。

確かに前近代の社会のなかには、一見するとほかの時代よりも好戦性に劣る社会も存在していたようである。とはいえ、有史時代を振り返ればわかるように、早々のうちからジェノサイドが頻繁に起きていたことを記録は示している。古代ギリシャ人とトロイア人の戦い、ローマ人対アフリカの植民地に住んでいたカルタゴ人の戦い、そして、アッシリア人もバビロニア人もペルシア人も、最後には戦いに敗れた相手の命を根絶やしにするか、それとも男は殺戮して女は奴隷にするか、そのどちらかだったのである。旧約聖書のジェリコの壁の物語は多くの人に知られている。ヨシュアの命じた角笛の音でジェリコの壁は崩れた。だが、このあとでなにが起きていたのかを知っている人はほとんどいない。主が命じるまま、ほかの多くの都市でもそうだったように、ヨシュアはジェリコの住民を皆殺しにした。

同じようなエピソードは十字軍の遠征、太平洋諸島の住民、その他多くの集団をめぐる記録にもうかがえる。もちろん、大虐殺はかならずしも敗戦につきものだったというわけではない。しかし、人間の本性の点から見た場合、ちょっとした例外とは思えないほど頻繁に大虐殺は起きている。一九五〇年から一九九〇年代はじめにかけても、世界は二〇近いジェノサイドのエピソードを目撃してきた。そのうちの二回の犠牲者は一〇〇万人を超えていた（一九七一年のバングラデシュ、一九七〇年代後半のカンボジア）。さらに四つのエピソードについても、犠牲者の数はそれぞれ一〇万人以上にもおよぶ。たとえば、一九九四年のルワンダの大虐殺では八〇万人もの人間が殺された。一九九八年以降、隣国コンゴ民主共和国で起きた戦争でもジェノサイドが発生し、死亡者数は少なくとも二五〇万人にもおよぶ結果となった。

どうやらジェノサイドは、現生人類と人類以前の何百万年にもおよぶヒトの遺産の一部であったようなのだ。この長い歴史において、現代のジェノサイドはなにか異なる点があるのだろうか。犠牲者の数において、ソビエトのスターリンとドイツのヒトラーは新たな記録を打ち立てている。二人の場合、それ以前の時代に比べれば、三つの利点をもっていた。都市部の高い人口密度、犠牲者をいっせいに捕らえるための通信手段の発達、大量殺人をおこなうための技術の革新である。

今日、技術の進歩によって心理的な側面からもジェノサイドが起こりやすくなったと断言するのは難しい。ただ、コンラート・ローレンツはそうにちがいないと主張する。それは、類人猿から進歩していくにつれ、私たちは互いの協力にますます依存するようになったからだという。人の命を奪うことに対し、強い抑制や本能に根差す感情を人間が発達させていなければ、社会というものは生き延びていくことができない。人類の歴史のほとんどを通じ、人間が操っていた武器は接近戦で相手の命を奪うものだった。しかし、ボタンを押すだけの現代兵器によって、こうした抑制を飛び越し、被害者の顔を直視することがないまま、遠隔地の人間でも殺害できるようになってしまった。こうしたことによって、ますます大量殺人を抵抗なく受け入れられるようになったのである。

このような心理的な側面からの議論で、現代のジェノサイドの発生が説明できるものなのかどうか、私には半信半疑だ。被害者の数は現代よりも少ないとはいえ、現代とまったく同じように過去においてもジェノサイドはたびたび発生していたように思えるのだ。ジェノサイドをさらに理解するためには殺人の倫理、すなわち人を殺害することをめぐる正邪の規範についても考えて

カンボジアのトゥール・スレン虐殺犯罪博物館で壁に展示された写真を見つめる子ども。この建物はもともと学校であり、その後、刑務所と拷問センターとして使われていた。現在は 1970 年代のジェノサイドで死亡した人たちを追悼する博物館となっている。

みなければならないだろう。

倫理規定とその破綻

つきあげてくる殺意をつねに抑制するのが倫理観で、すなわちなにが過ち（この場合では人を殺害すること）であり、なにが非道徳であるかということに対する私たちの理解だ。だが、なぜその衝動が解き放たれてしまうのか。そこが謎なのだ。

この謎に対するひとつの鍵は、私たちが「我ら」と「彼ら」の観点から考えるように進化したという点である。チンパンジーやゴリラ、ライオンやオオカミといった社会性の高い肉食獣のように、初期の人類も集団を組み、互いに狭いなわばりのなかで暮らしていた。このころ、世界はいまよりもずっと小さく、そしてシンプルなものだった。一人ひとりの「我ら」が知っていたのは、ごく限られた「彼ら」であり、間近に住むものたちだった。ある人間集団にとっては、これは現在にいたるまで変わらない現実である。

たとえばニューギニアでは、それぞれの部族はごく近隣の部族と同盟関係を結んだり、あるいは交戦状態にあったりと、互いの関係を交互に変えながら維持してきた。友好的な訪問（まったく安全な状態）のため、あるいは戦争中で襲撃をおこなうため、隣の谷には足を踏み入れることはできたかもしれないが、この人物が友好のためにいくつもの谷を踏み越えて通過していくチャンスはみじんもなかった。自分たちの仲間である「我ら」を扱う強力な規則は、「彼ら」には当てはまらない。こうした漠然とした理解のもとでは、隣人は敵にほかならなかった。

ある社会にとっては、世界は拡大していっそう複雑なものに変わっていったが、それでもこの部族的ななわばり主義が変わることはなかった。古代ギリシャの記録から明らかなのは、ギリシャ人は自分たちを「我ら」と考え、それ以外のすべての人間を「彼ら」と見なしていたことだ。理想はすべての人間を平等に扱うことではなく、自分の友人には報い、敵は罰せよというものである。ハイエナやチンパンジーの群れがそうであるように、人間の集団もまた行動においては二重の規範を使い分けていたのだ。「我ら」の一人を殺すことに関しては強い抑制があったが、しかし、そうするほうが安全である場合は「彼ら」の殺害に青信号が灯った。

やがて時間とともに、古代のこのダブル・スタンダードは倫理規定として受け入れがたいものになっていく。世界共通の規範を求める傾向だ。人びとをより平等に扱おうとする要求であり、異なる人びとと交流するときにも同じルールに則ろうというものである。ジェノサイドはこの世界に共通する規範と真正面から対立した。では、ジェノサイドの首謀者は、みずからの行動と現代の理想たる世界共通の倫理のあいだに生じる対立から、どうやって身をかわしているのだろう。三つの正当化のうち、そのひとつか二つを駆使して、被害者に罪をなすりつけるのである。

第一に、世界的な規範を心から信じている人であっても、いまだに自己防衛には問題がないと考えている。これが便利な言葉であるのは、「彼ら」は簡単にだまされて「我ら」の自己防衛を求める行動へとあおり立てられていってしまうからだ。ヒトラーでさえ、第二次世界大戦の開戦では自己防衛だと言い張っていた。ポーランド軍がドイツの国境にある施設を攻撃したと、わざわざでっちあげまでおこなっていた。

第二の方法は、「正当な」宗教、人種や政治的信条をもつことで、進歩やよりレベルの高い文明を代表するものだと主張する。これは、「誤った」側、「誤った」信条をもつ人びとに対し、ジェノサイドを含め、なにをしてもよいと自己を正当化する常套手段である。

最後に、私たちの倫理規範は人間と動物とは別のものだと見なしている。現代においてジェノサイドを引き起こした当事者は、殺戮を正当化するために被害者をいつも動物になぞらえようとする。ナチスはユダヤ人を人間以下の「シラミ」だと見なし、アルジェリアに入植したフランス人は地元のイスラム教徒を「ネズミ」と呼んだ。ボーア人（南アフリカに入植したオランダ人の子孫）はアフリカ人を「ヒヒ」と言っていた。

アメリカ人はアメリカ・インディアンの扱いを正当化するために、こうした三つの言い訳のすべてを用いた。世界的な倫理規範を信じようと主張しているが、私たちの伝統的な姿勢とジェノサイドをめぐる物語は、白人は自己防衛のためにインディアンを殺してきたのであり、文化は白人のほうが優れていて、この大陸をさらに前へ前へと突き進んでいくように運命づけられている、そして犠牲者は野蛮な動物にすぎないというものだった。

◉最後のインディアン

一九一一年八月二十九日、腹を空かせ、脅えた一人のインディアンが姿を現した。インディアンの名前はイシ、北部カリフォルニアの人里離れた峡谷で、イシは四一年間も身をひそめていた。イシはジェノサイドで根絶されたヤヒ族最後の一人だったのである。

一八五三年から一八七〇年にかけ、ヤヒ族の大半は入植者によって虐殺された。一八七〇年の虐殺で生き残った一六人は、ラッセン山の荒野に隠れ、そこで狩猟採集民として生きつづけた。一九〇八年、その数は四名にまで減っていた。その年、たまたま測量士が彼らのキャンプを見つけ、道具や着物、そして保存していた食料を根こそぎもちさってしまう。イシの母親と妹、そして年老いた男の三人はそれがもとで死んでしまう。それから三年間、イシは一人で生きつづけたが我慢できるのもそれまでだった。白人の文明へと出ていったが、殺されることは覚悟していた。しかし、殺されるかわりにサンフランシスコのカリフォルニア大学の博物館に雇われ、一九一六年に結核で死亡している。

イシはヤヒ族最後のインディアンというだけでなく、合衆国最後の〝生粋《きっすい》〟のインディアンとして知られていた。その死から一五年を過ぎても、イシの部族を殺戮した白人は、このときのジェノサイドについて手記を出しつづけていた。白人社会の暮らしを経て、イシは現在、その生涯の物語とインディアンの言葉と工芸の知識を伝えた生存者として知られている。

未来を見つめて

ホモ・サピエンスの未来には、どのようなジェノサイドが待っているのだろう。世界の各地でジェノサイドの機が熟している紛争地域は少なくない。現代兵器によって、一人の人間が戦場から遠く離れた場所でも、かつてない規模で犠牲者を生み出すことができるようになった。人類全体を殺戮する世界規模のジェノサイドが引き起こされることも考えられる。

同時に私は、将来は過去ほど凄惨ではないという希望を抱けるのではないかという根拠を抱いている。今日、多くの国で人種や宗教、あるいは民族を別にする人びとがいっしょに暮らしており、社会的な公正の程度は異なるとはいえ、少なくとも大量殺戮は起こっていない。いくつかのジェノサイドについては、平和維持のために仲介に乗り出した第三者機関によって中止、縮小、あるいは阻止されてきた。

さらにもうひとつの希望の兆候であるのは、旅行やテレビ、写真、インターネットによって、何万キロも離れて暮らす人たちも、自分たちと変わらない人間として見ることができるようになった点だ。ジェノサイドを可能にする「我ら」と「彼ら」のあいだの境界線は、技術によって曖昧になってきている。ファーストコンタクト以前の世界では、ジェノサイドは受け入れられ、賞賛さえされていたが、国際的な文化と遠隔地に住む人びとに関する私たちの知識が現代になって急速に広がり、ジェノサイドを正当化するのはますます難しくなってきた。

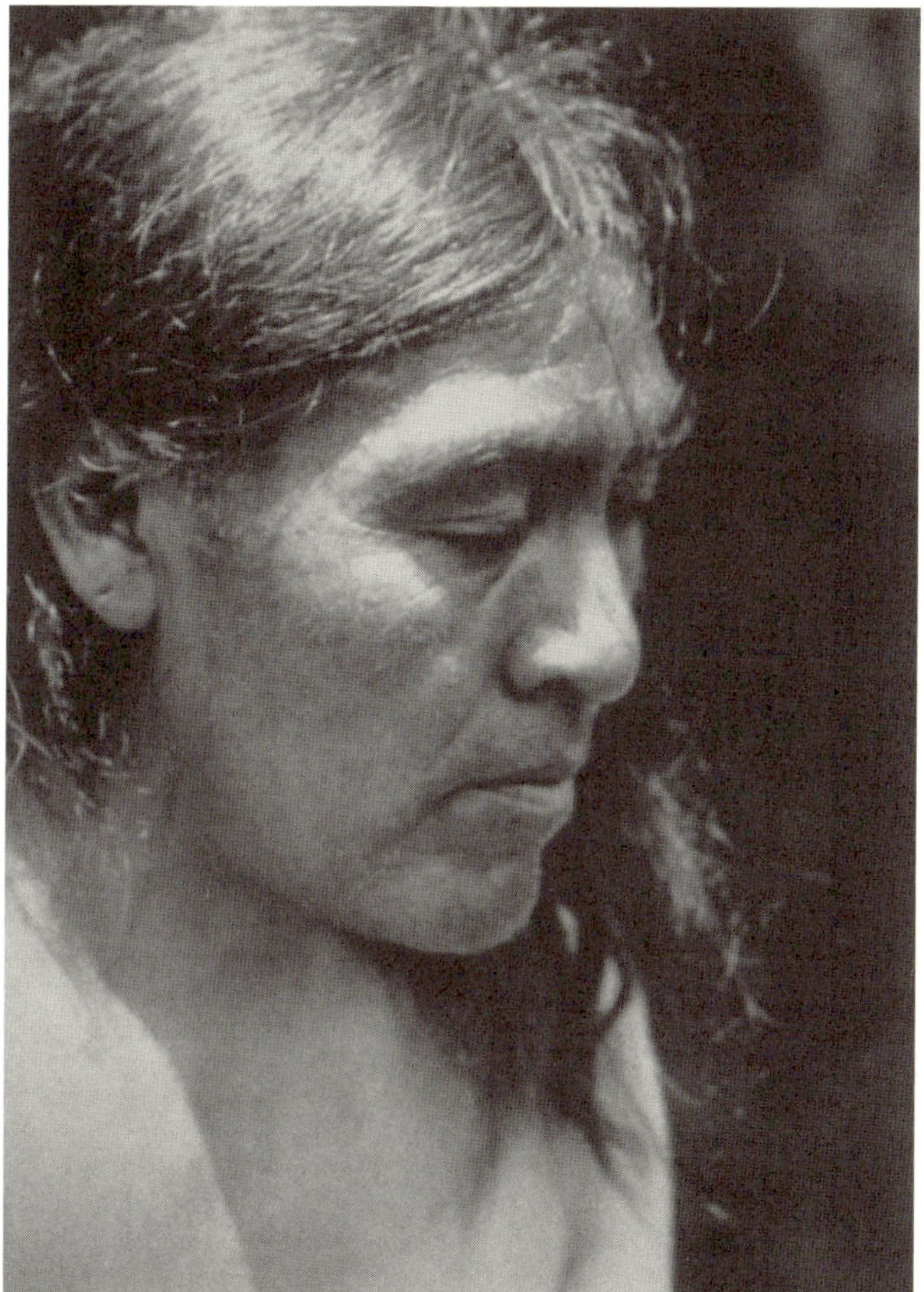

1916年に死亡したイシは、ヤヒ族へのジェノサイドを生き延びた、たったひとりの生存者だった。

だが、ジェノサイドの可能性は私たちすべての人間のなかに宿っている。世界の人口が増えていくにしたがい、社会間や社会内でのせめぎあいはますます激しいものになっていくだろう。互いに殺しあおうとする人間の衝動はさらに高まり、それを実現するための武器も性能を向上させていく。ジェノサイドをめぐる物語に耳を傾けることは耐えがたい痛みをともなうが、しかし、人間の本性に宿る破壊的な部分から目をそむけ、理解しようという試みを拒んでしまえば、いつの日か私たち自身が殺人者になるか、あるいは犠牲者になってしまうのかもしれないのだ。

ニューメキシコ州にあるチャコキャニオン最大の構造物、プエブロ・ボニート遺跡。かつてアナサジの人びとが住んでいたこの地は現在、チャコ文化国立歴史公園になっている。

第5部　ひと晩でふりだしに戻る進歩

私たちヒトという種は、いまやかつてない規模で地球をおおい、この惑星の生産量についてもこれまでにないほどの量を支配している。これは悪いニュースではない。だが、次に見ていく三つの章はあまりありがたくないニュースであり、現在、私たちは生み出してきたよりはるかに早いペースで、これまでの進歩をふりだしに戻そうとしている。私たちの生存を私たち自身が脅かしているのだ。人類は突然、自分自身をこなごなに吹き飛ばしてしまうのだろうか。それとも地球の温暖化や環境汚染、人口増加による食糧危機、生存に不可欠な生物の絶滅という問題で、煮えたぎる困難のなかにおもむろに沈み込んでいくのか。そしてこれらの危機は、十八世紀後半から十九世紀の産業革命の直後に現れた新たな危機であるというのは本当なのだろうか。

自然はバランスを保って存在する、と多くの人びとは信じている。捕食者は獲物が絶滅するまで食べ尽くすような真似はせず、草食獣も食料となる草や木を食い尽くすことはない。その点では、人間こそ唯一のはみ出し者なのである。もしもそれが真実なら、自然には人間が教訓とするものがなにもないのは、動物や動物をとりまく環境は決してバランスを破綻させないからだ。

ごくまれな状況を除けば、自然条件のもとに置かれた種は、今日私たちが絶滅させているような速度で消滅しないのは本当だ。ごくまれな状況というのは、たとえば六五〇〇万年前の小惑星の衝突で起きたと考えられている大絶滅であり、このときの衝突によって恐竜は死に絶えてしまった。一方で自然は、ある種によってほかの種が絶滅したたくさんの例を示している。通常、こうしたことが起こるのは、捕食者が新しい環境に連れてこられ、この捕食者に不慣れな獲物と遭遇した場合である。こうした獲物が絶滅すれば、こんどは別の獲物に切り替えて捕食者は生存を図っていく。

ネズミ、猫、ヤギ、豚、アリ、そしてヘビでさえ、人間の手によって新しい環境に運ばれたことで殺害者になっていた。その一例がオーストラリア原産の樹上性のヘビである。第二次世界大戦中、このヘビはたまたま船か飛行機に乗り合わせて太平洋のグアム島へと運ばれたが、グアム島にはもともとヘビは生息していなかった。現在までに、オーストラリアからきたこのヘビは、グアムの森林に生息する鳥類の大半を根絶させるか、あるいは絶滅の縁に追いやった。こうした鳥たちには、ヘビに対する防衛行動を進化させるチャンスはまったくなかったのである。

私たち人間は、切り替え型捕食者の最たる例にほかならない。ひとつの獲物が数を減らしたり、絶滅したりすると、新しい獲物に切り替えることができるのだ。巻き貝や海藻からクジラ、キノコ、イチゴと本当になんでもよく食べる。ひとつの種を絶滅させるまで食べに食べてから、今度は別の食べ物に切り替えていく。そんなことから、地球上の手つかずの地域に人間が足を踏み入れていくたびに、そのあとを絶滅の波がついて回った。一五〇〇年前にポリネシア人がハワイに到達すると、ハワイの鳥類の多くは死に絶えてしまう。

では、動物はどうなのだろう。動物もこれまで自分たちの食料資源を絶滅に追い込んだことはあるのだろうか。そうしたことはあまり頻繁には起こっていない。動物の個体数は、食べ物の供給に応じて増減する傾向があるからだ。しかし、なかには自分たちだけで食料資源を食べ尽くしてしまい、絶滅した動物も存在する。一九四四年、ベーリング海のセント・マシュー島に二九頭のトナカイが連れてこられた。トナカイの数は一九六三年には六〇〇〇頭まで増えていた。トナカイが食べるのは成長に時間がかかる地衣類だったが、トナカイはほかの島に移ることはできなかったので、小さな島では、一度食べられてしまえば、この地衣類は回復する機会がなかった。例年にない厳しい冬がやってくると、四一頭の雌と一頭の子どもを作れない雄を除けば、トナカイというトナカイは死亡して、残っていたのは島中に散乱する白骨ばかりだった。

動物による生態学的な自殺は、通常、個体数をコントロールしている影響力から突然自由になれた集団に発生する。人間も人口をコントロールしていた要因から最近になって逃れることができた。人間はかなり以前に捕食者を取り除いていたのだ。現代医学は、感染症を原因とする死亡を大幅に減らしている。かつては人口を調節してきた子殺しや半永久的な戦争のような行為は、もはや社会的には受け入れられていない。ヒトの人口は増える一方だが、しかし、セント・マシュー島のトナカイの例からは、無限に個体数を増やしつづけられる集団など存在しないことがわかってくる。

私たちが現在置かれている状況は、動物界で起きた出来事に比較することができるだろう。多くの切り替え型捕食獣と同じように、人間もまた新しい環境を植民地化したり、新たな破壊力を手に入れたりした場合、なにがしかの獲物を絶滅に追い込んできた。成長を制限してきた要因から自由になったいくつもの動物集団のように、私たちもまた資源基盤を破壊することによって、私たち自身を破滅にさらしてしまう危険を冒しているのだ。

そして、産業革命を迎える以前の人類は、生態的なバランスを保ちながら暮らし、種の絶滅や環境の酷使は現代になってからだという見解についてはどうだろう。あとの三つの章ではこの考えについても検証してみよう。最初に「黄金時代」について考えてみる。人類が自然と調和を保って暮らしていたと信じられている時代だ。それから、もっとドラマチックで、もっとも激しい論争の的になっている最大規模の大絶滅のひとつに関してさらに詳しく見てみよう。人類の到達とともに、アメリカ大陸からは多くの大型哺乳類がこつぜんとしてその姿を消してしまったのだ。最後に、これまで人類はどれほどの種を絶滅に追いやってきたのかを推定して、それが私たちの将来にどのような意味をもつのかを考えてみる。

第14章 黄金時代の幻想

ヨーロッパ人がアメリカに移住してきたころ、アメリカの空気や川は澄み渡り、風景は緑にあふれ、大平原はバイソンの群れで満ちていた。今日、私たちはスモッグを吸い込み、飲み水に含まれている有毒の化学物質を心配している。風景はアスファルトに塗り込められ、大きな野生動物を目にする機会などほとんどない。事情は確実に悪くなっていき、さらに多くの動物が死に絶えて、大気や海洋の汚染がやむことはないだろう。

悪化する事態については、次の二つのごく単純な理由によって説明されている。ひとつには、現代の科学技術というものは、大昔の石斧のようなシンプルな道具に比べ、はるかに強力で大きな損害をもたらしてしまうものであること。そして、もうひとつの理由は、現代ではかつてないほどの数の人間が生きているというものだ。しかし、理由については三番目の要因が存在しているのかもしれない。態度の変化という理由である。現代のような都市の居住者と異なり、産業化経済とはかかわりなく暮らす人たちは、その土地の環境に依存しており、少なくともそのなかには環境の大切さを知り、それを崇《あが》めて暮らす人たちもいたのだ。かつて私はニューギニアの部族の男からこう聞かされた。「自分たちのしきたりでは、ある日、狩人が村のこちらの方向でハトをしとめたら、次の狩りはそれから一週間待って、今度は反対の方角に向かって出かける」。いわゆる未開人と呼ばれる人の多くが、自然保護政策に通じる実践をしていることが、最近になってようやく知られはじめるようになった。

産業化社会が世界に与えているダメージにうんざりした環境保護論者は、しばしば過去の時代を「黄金時代」、つまりニューギニアの部族のように、人という人が自然界との調和を保ちながら生きていた時代だと見なす場合が少なくない。つい最近まで、私も私の環境保護論者の同僚の多くと、こうした昔はよかった式の考えを分かちあっていた。だから、考古学者や古生物学者の最新の発見は、衝撃的なものにほかならなかった。産業化以前の社会でも、何千年という年月にわたり、種は絶滅に追いやられ、環境は破壊され、みずからの存在さえ危うくしていたのはいまや明らかである。

こうした発見が正しければ、私たち自身の運命を予測するうえで、これら事例を反面教師として利用することはできないだろうか。そして、イースター島やマヤ文明のような、謎の消滅を引き起こした古代文明についても、その説明をつけることができるのではないだろうか。

モアが絶滅したニュージーランド

ニュージーランドはオーストラリア東方にある太平洋上の島国だ。十九世紀、イギリス人がここに移り住むようになると、ニュージーランドにはコウモリを除けば、固有の陸上哺乳類は生息していないことに気がついた。しかし、入植者はそのかわり、大型鳥類の骨と卵の殻を発見する。こうした鳥類はすでに絶滅していたが、マオリ人（これより数世紀前にニュージーランドに住み着いたポリネシア人）は、この鳥のことをモアと呼んでいた。

モアはダチョウのような鳥だった。もっとも大きな種では体高が三メートル、体重は二三〇キロもある。食べていたのは植物の小枝や葉で、ニュージーランドでは、モアがシカやアンテロープのような草食性の哺乳類の地位を担っていた。ヨーロッパ人が到達する以前、ニュージーランドではほかの鳥類もすでに絶滅していた。大型のカモ、巨大なガンなどをはじめとして、そのなかには羽をなくし、空を飛べない鳥も交じっていた。こうした飛べない鳥は、ニュージーランドには飛来してきたものの、その後、羽を失った鳥類の子孫だった（ここでは狩猟する人間も哺乳類の捕食者もいないため、羽をもつ必要がなかったのだ）。ニュージーランド原産のほかの小型動物も完全に消滅するか、あるいは絶滅しかけており、そのなかにはカエル、カタツムリ、巨大なコオロギ、そして羽をまくり上げて走る、ネズミによく似た奇妙なコウモリもいた。

化石の様子から、モアは数百万年ものあいだニュージーランドに生息していたことがわかっている。しかし、そのモアが、いつ、どうして最後には絶滅してしまったのだろうか。西暦一〇〇〇年ごろ、マオリ人の先祖たちがニュージーランドに到達したとき、モアを含めほかの鳥類もまだ生息していたのだろうか。

私がはじめてニュージーランドを訪れた一九六六年には、モアは気候の変化によって絶滅したと信じられていた。最初のマオリ人がここに姿を現したとき生きていたモアは、すでに絶滅しかかっていたにちがいない。マオリ人は自然保護主義者であると信じられ、モアを絶滅に追い込むような真似などできるはずはなかった。だが、三つの発見によって、そうした考えもくつがえされてしまったのである。

一番目の発見は、ニュージーランドでは一万年前に氷河期が終わりを迎えた。その後、気候はモアにとってはどんどん快適なものになっていき、最後のモアはたくさんの食事を堪能したうえに、過去数千年でもっとも申し分のない気候を満喫して息を引き取っていた。

二番目に、マオリ人の古代遺跡で見つかった鳥の骨が年代測定された。測定の結果、すでに知られていたすべての種のモアは、最初のマオリ人が到達したころにはまだたくさん生きていたという事実が明らかになった。現在では化石でしかわかっていない多くの鳥の種についても同様である。つまり、これらの鳥はわずか数世紀のうちに絶滅していたのだ。かりに、何十種という鳥が数百万年にわたってニュージーランドを支配し、そして人間がやってくるのと時を同じくしてたまたま絶滅したとするなら、それはありえないような一致である。

最後に、マオリ人が本当にすごい数のモアを切り刻んでは、土のかまどでその肉を調理し、食べ残しを捨てていた事実が一〇〇カ所以上の大きな遺跡から判明したのである。肉は食べられ、皮は衣類に使われ、釣り針や装飾品が骨から作られていた。卵は卵で中身がからになると、殻は水筒として使われた。残された膨大な数にのぼるモアの骨は、何世代もかけてマオリ人がこの大型鳥類を皆殺しにしてきたことを物語っていた。

マオリ人がモアを絶滅させたのはいまや明らかになっている。殺されたり、ヒナがかえる前に卵を盗み取られたり、そのほかにもモアが住む森を切り開いたことで死んだモアもいたのだろう。同じようにして、ほかの鳥類も息の根を絶たれてしまったのである。

では、コオロギ、カタツムリ、コウモリなど、ニュージーランドに住んでいた小型の生き物はどうしたのだろう。森林の伐採も絶滅を招いてしまった一端だが、しかし、いちばんの理由はマオリ人がたまたまもちこんだ別のハンターの存在だった。そのハンターこそネズミである。モアが人間を知らずに進化して、人に対する防御が欠落していたように、これらニュージーランドの小動物たちはネズミが皆無の環境で進化し、ネズミに対する守りというものを知らなかった。

最初のマオリ人が上陸したとき、ニュージーランドは本当に奇妙な生物であふれていた。もし、これらの生き物の化石が残っていなければ、私たちもそれはSFのような絵空事として片付けていたかもしれない。進化した生命体をもつ別の惑星に降り立ったようなものである。しかし、ニュージーランドの生物群集の大半は、短期間のうちに崩壊していた。残っていた群集も、ヨーロッパ人の到来によって起きた二度目の崩壊で死に絶えている。現在、ニュージーランドに生息している鳥類は、マオリ人が出会ったときのほぼ半数の種類でしかない。そして、生き残った種の多くもまた絶滅の危機に瀕しているか、あるいはネズミがいない島々でしか生き延びていけない。

何百万年にもおよんだモアの歴史は、たかだか数世紀の狩猟によってとどめを刺されていたのである。

マダガスカルの消えた巨鳥

先史時代においては、唯一ポリネシア人だけが種に絶滅をもたらした民族というわけではなかった。マダガスカルは、ニュージーランドから地球を半周した地点、アフリカ大陸の沖合に位置する世界で四番目に大きな島である。ここに住むマラガシーと呼ばれる人びとはインドネシアの海洋民の子孫で、ご先祖たちはインド洋をはるばる渡って東アフリカと交易をおこない、一〇〇〇年か二〇〇〇年前のあいだにこの島に定住するようになった。

マダガスカルはこの島だけにしか生息しない数多くの動物のふるさとで、そうした動物には種の数が二〇種を超える小型のサルに似た霊長類のキツネザルもいる。そして、マダガスカルの海岸に散乱しているのは、かつて巨大な鳥がここに存在していたことを示すサッカーボール大の卵の殻だ。その卵は六種の空を飛べない鳥が産んだものである。すでに絶滅しているが、その鳥は体高が三メートルもあった。ダチョウやモアに似ているが、体ははるかに巨大でエレファントバードと現在では呼ばれている。マダガスカルにはかなりの数の大型哺乳類、爬虫類が生息していたことも化石の様子からわかっている。そのなかには、巨大なリクガメやゴリラぐらいのキツネザル、雌牛ほどの大きさのカバなどがいた。

これらの絶滅種の骨は数千年前の遺跡の発掘現場から出土していた。いずれもそれまで数百万年にわたって進化して生き延びてきたわけだから、腹を空かせた人間が出現するほんの直前に寿命が尽きてしまうことなどおよそありうる話ではない。エレファントバードはアラブの商人たちに知れ渡るほど生き延び、『船乗りシンドバッドの冒険』に出てくる巨鳥ロックのモデルにもなった。

絶滅したマダガスカルの巨大動物のすべてが初期のマラガシー人に殺されたわけではないが、ある種の動物に関しては、まちがいなく彼らの手によるものだった。おそらくそれと意図しない活動が、狩猟よりも大型動物の命を奪うことになってしまったのだろう。森を開墾して放牧するために人が火を放てば、動物の生息地は破壊される。牛やヤギが草を食べてしまうこともダメージを与えずにはおかない。人間によってもちこまれた犬と豚は、地上に住む動物やその動物の子ども、卵を捕食した。ポルトガルの探検家がこの島にきたのは西暦一五〇〇年ごろのことだった。かつてマダガスカルにあれほど生息していたエレファントバードは、海岸をおおうおびただしい卵の殻、地中に埋もれた遺骨、そして巨鳥ロックのおぼろげな記憶のなかに残っているだけにすぎなかった。

イースター島の謎

種の絶滅で「黄金時代」もずいぶんイメージに傷がついてしまったようである。初期の人間社会は環境さえ破壊していたのだ。南米チリの西方三七〇〇キロの太平洋上に浮かぶイースター島は、そうした劇的な例のひとつにほかならない。

一七二二年、オランダの探検家によって、島の存在とポリネシア人の島民が〝発見〟されて以来というもの、イースター島は謎のベールをまといつづけてきた。ここは、世界でもとりわけ辺《へん》鄙《ぴ》でささやかな島のひとつにすぎないが、島民は火山性の岩石を切り出し、何百という数におよぶ石像を作り出していた。石像の重さは八五トン、高さは一一メートルにも達する。金属や車もなく、動力は人間の筋肉だけで、島民はこれらの巨像の多くを採石場から数キロ離れた台座へと運んだ。未完成のままの石像、うち捨てられたままの石像もあるが、その様子はまるで石工と運搬担当者が突然仕事を放りだし、持ち場を立ち去ったようである。オランダ人の探検家がやってきたときには石像はまだ立っていたが、一八四〇年までには石像は島民によってひとつ残らず倒されていた。いったい、巨大な石像はどのようにして作られ、どうやって運搬されたのだろう。そして、島民はなぜ像を彫ることをやめ、最後には引き倒してしまったのか。

第一の疑問について、自分たちの先祖は丸太をころとして使って石像を運んだと、二十世紀の研究者トール・ヘイエルダールに対して島民が答えている。第二の質問に対する答えは、この島の容赦ない歴史を示すものであり、考古学者と古生物学の研究者によって明らかにされた。ポリネシア人がイースター島に入植したのは西暦四〇〇年ごろであり、当時、島は森林でおおわれていたものの、木材を得たり、菜園を作ったりするために森林は徐々に切り開かれていった。西暦一五〇〇年ごろまでには、島の人口はおよそ七〇〇〇人にまで増えていた。島民が彫った石像は約一〇〇〇体、このうち少なくとも三二四体が立てられていた。

しかし、森林への ダメージは徹底していて、たった一本の木さえ残ってはいなかった。石像作りもやんだ。像を運搬して直立させるために必要な丸太が島にはもうなかったのである。森林破壊は飢餓ももたらしていた。樹木をなくし、表土が流出していた。菜園の収穫は減りつづけたが、木材がないので、島民は漁労に必要なカヌーも作ることができない。戦争と食人俗《カニバリズム》で島の社会は崩壊、村のいたるところに矢じりが散乱していた。敵対する部族は互いに相手の巨像を引き倒し、島民は洞窟にこもって自分の身を守るほかなかったのである。かつて緑でおおわれ、卓越した文明を支えたその島こそ、現在のイースター島にほかならない。不毛の草地に巨像がころがり、島は昔の人口の三分の一にも満たない人間しか住むことができなくなっていた。

◉太平洋の謎の島

ヘンダーソン島は熱帯太平洋のきわめて遠隔の地にあるごく小さな島だ。ここはジャングルにおおわれた岩礁で、いたるところに裂け目が口をあけており、農業にはまったく向いていない。一六〇六年、ヨーロッパ人が発見して以来、この島には誰も住んでこなかった。それだけに、古生物学の研究者がここで五〇〇〇年から八〇〇〇年前に島から消えてしまった三種類のハト

荒廃したイースター島で海の向こうに目をこらす巨大な石像。島民が森林を伐採してしまうと、あれほど栄えた文明も崩壊してしまった。

と三種類の海鳥の骨の正体を突き止めたのはまさに衝撃的だった。同じ六種の骨の化石や近縁の鳥の化石は、ポリネシア人が住む別の島でもすでに発見されていて、こちらは人間によって絶滅したのはすでに明らかにされていた。では、無人のヘンダーソン島では、鳥はどうやって絶滅に追い込まれていたのだろうか。

謎はヘンダーソン島でも遺跡が発見されたことによって解明された。ヨーロッパ人が島を発見する前、ポリネシア人が数百年にわたってここに住んでいたのである。島民たちはハトや海鳥、魚に頼って暮らしたが、鳥類の集団のほうは食べ尽くしてしまう。食料の供給源が断たれ、あるいは一挙に減少した結果、島民は餓死するか、島を捨てるしかなかった。太平洋にはヘンダーソン島のほか、少なくとも十一の「謎の島」が存在している。これらの島々はヨーロッパ人によって発見されたものの、それに先立ってポリネシア人が暮らしていたことが遺跡から明らかにされている。いずれも小さな島であり、土地も肥沃《ひよく》ではないので、農耕には向いていない。住んでいた島民は、食料として鳥やほかの動物に頼っていたのだろう。

長く暮らしていたハワイやほかの島々で、古ポリネシア人が食料源の鳥類や野生動物を乱獲し、絶滅させたことはよく知られている。ポリネシア人がもし、小さな「謎の島」でも同じことをやっていたのであれば、太平洋に点在するこれらの島々は、みずからの食料資源をその手で破壊してきた人間集団の墓場を意味することになるだろう。

島と大陸

ポリネシアとマダガスカルは絶滅の波が押し寄せた例であり、最初の人間の定住が始まれば、おそらくこの波は巨大な島すべてに打ち寄せてくる。人間を知らないまま進化を遂げた生物が存在する島々では、現代の動物学者が目にしたことのないようなユニークな大型動物が生息していた。地中海のクレタ島やキプロス島には、コビトカバ、大型のリクガメ、小型のゾウ、小型のシカが住んでいた。西インド諸島では、地上性のナマケモノ、クマほどの大きさがある齧歯類、普通・大・特大・超特大のさまざまな大きさのフクロウが消え去っていた。トカゲやカエル、カタツムリなどの小型の生物や鳥類も姿を消し、地球の大洋上にある島という島を数え上げれば、絶滅してしまった種は何千もの数に達する。

スミソニアン研究所の古生物学者であるストーズ・オルソンは、こうした島で発生する種の絶滅について、「世界史上、もっとも急速かつ深刻な生物学的大惨事のひとつ」と呼ぶ。もっとも、ポリネシアやマダガスカルですでにおこなわれたように、どの島においても、最後の動物の骨と最初の人間の遺跡の年代がさらに正確に測定されるまで、これら絶滅のすべてに関しては、人類に責任があるかどうか、私たちにはまだ断言はできない。

大陸は大陸特有の絶滅の波に洗われていたのかもしれないが、それはさらに古い過去の時代においてである。約一万一〇〇〇年前、アメリカ・インディアンの祖先がはじめて新大陸に到達したころ、アメリカの南北大陸に生息していた大型哺乳類が絶滅している。この絶滅がインディアンのハンターによるものか、たまたま同じ時期に起きた気候変動が原因だったのかについては、激しい議論が続いてきた。私はハンターによるものだと考えているが、その理由については次の章で説明することにしよう。しかし、一万一〇〇〇年前ごろに起きた出来事について、年代と原因を特定することは、たとえばモア対マオリ人の衝突のように、過去一〇〇〇年以内という比較的最近になって起きた出来事を調べるよりはるかに難しい。たとえばオーストラリアでは、今日のアボリジニの祖先が移住すると、過去五万年までに大型哺乳類の大半が姿を消した。絶滅が人間の到着によって引き起こされたものかは、まだよくわかっていない。

最初の人びとが島に到着したことで、島内の生物種に大惨事が引き起こされたのはほぼまちがいないだろう。しかし、同じことが大陸において起きていたのかとなると、その問いに対する審議は継続中であり、陪審員らの決定はまだくだされていない。

アナサジの黙示録

産業化時代以前に起きていた生息環境の破壊のもう一例は、北アメリカでもっとも進んでいたインディアン文明に関係している。スペインの探検隊がアメリカの南西部にたどり着いたときだった。木も生えていない砂漠の真ん中で一行が目にしたのは、プエブロと呼ばれる巨大な多層階の住居のかずかずで、人気のないままそこに建っていた。そのうちのひとつ、ニューメキシコ州のチャコ文化国立歴史公園内にある六五〇の部屋をもつプエブロは、五階建てで奥行きは二〇〇メートルで幅九五メートル、十九世紀後半に鋼鉄製の摩天楼が建設されるまで、この建物こそ北米最大の構造物だったのである。周辺に住むナバホ族のインディアンは、消えてしまったこの建物の建築主を「アナサジ」としか知らない。アナサジ、それは「いにしえの人たち」という意味である。

チャコ・プエブロの建設は西暦九〇〇年直後に始まった。そして、わずか二〇〇年後の十二世紀のある日、住民はここに住むことを突然放棄した。なぜ、アナサジの人びとは不毛の荒れ地に町を作ろうとしたのだろう。薪や長大な屋根を支えるための二〇万本にもおよぶ木の梁はいったいどこで手に入れていたのか。そして、なぜこの町を捨てることを選んだのだろうか。

従来からの説では、チャコキャニオンを放棄したのは干ばつが原因だとされてきた。だが、今日では、この土地の植生とその時代的な変化という、それまでとは異なる説が唱えられている。古植物学者は植物の化石を専門に研究している科学者だが、チャコキャニオン周辺の植物性の遺物を古植物学者が調べると、プエブロが建設された当時、建物を取りかこんでいたのは砂漠ではなかったことが明らかになった。建物はマツとネズの森の中央にあり、あたりには高々とポンデローサ松が生い茂っていたのだ。この森の木々がアナサジの建築資材となり、薪となっていた。

しかし、チャコでの定住が続くにつれ、森や林の伐採がどんどん進むと、あたりの環境は現在のような木が一本も生えていない荒涼としたものに変わっていく。薪を得るためには少なくとも一六キロは出向かなくてはならず、建物の資材になるほどの大きな木を見つけるには、さらに遠くまでいかなくてはならなかった。知恵を尽くした道路システムをわざわざ作り、八〇キロ以上離れた山から切り出したトウヒやモミの木を引いて運んできたが、動力は自分たちの筋肉だけが頼りだった。

プエブロ周辺の森林伐採で表土が浸食され、用水の流失も増加していた。耕地に水を引くため掘った灌漑の用水路はどんどん削られて、しまいにはその水面が耕地の高さを下回ってしまい、もはや耕地に水を回していくことが不可能になっていた。灌漑ができなくては、アナサジの人びとは作物を育ててはいけない。干ばつは確かにアナサジの人びとがチャコキャニオンを見放す一因だったかもしれないが、同じようにみずから招いた生態学的な大惨事もまたひとつの要因になっていたのだ。

幼年期に起きた文明の生態学的破壊

生態学的破壊について、もうひとつ別の例について触れておこう。今度は中東のヨルダンにあった王国の都市ペトラの周辺である。古代文明の権力の中心が西へ西へとなぜ移っていったのか、この破壊によってその理由が浮き彫りにされる。農業、家畜化、文字、王権国家、戦車など、人類の文明においてきわめて重要な意味をもつ発展の多くは中東から発祥してきた。だが、アレクサンダー大王がペルシア（現在のイラン）を倒すと、古代世界の権力の中心は中東からギリシャに移っていく。この移動はその後も繰り返され、ギリシャからローマ、さらに北西ヨーロッパへと移っていった。それぞれの権力の中心だった地域や国家は、どうして最後には支配権を失っていったのだろうか。

これという説のひとつに、いずれの古代文明も資源基盤をつぎつぎに崩壊させていったというものがある。中東や地中海の周辺の国々は、かならずしも今日見られるような、乾燥して殺風景な、草木も生えないような風景ではなかった。古代、このあたりの大半は青々とした森がモザイクのように丘陵を彩り、肥沃な谷にも恵まれていた。だが、人間集団が森を切り開いてしまうと、伐採された丘の急斜面は耕作地となり、おびただしい数の家畜が草をはみつづけた。土を再生しようにも、作物は過剰に密植され、土はふたたび力を取り戻すことはなかった。いつの時代も結果は、土壌の浸食と谷の氾濫と作物の不作、そして地域の人間社会の崩壊にほかならなかったのである。

古代の環境破壊をめぐるこの見方は、古代に記された記録と現代の考古学の両面から裏づけられている。その一例がペトラであり、「失われた都市」と刻んだ岩が残され、また映画ファンにペトラがよく知られているのは、映画『インディ・ジョーンズ／最後の聖戦』がここで撮影されたからである。

ペトラが富と権力に恵まれた都市だったのはまちがいない。交易の中心として数百年にわたって栄え、ローマ時代においてもその名前は知れ渡っていた。荒れ果てた砂漠の土地柄にあって、この都市はどうやって日々を営み、そしてその後、なぜうち捨てられ、人びとの記憶から消え去ってしまったのだろう。古植物学者が調べた花粉と植物の遺物から、ペトラはかつて森林のなかに位置していたことがわかった。チャコキャニオンの場合と同じく、住民は薪を集め、木を切り出していた。ヤギも飼育され、このヤギが木々の若芽をかじり取っていた。西暦九〇〇年の花粉を調べると、そのころまでには森林の三分の二が消滅し、低木や草地までもが減少していた。荒廃した土地に囲まれ、ペトラはもはやこれだけの都市を支えていくことはできなかった。

ペトラもまた、世界中に残る数多くの古代都市のひとつにすぎず、みずからの生存手段を破壊した国をまつる記念碑として今日に伝わっている。中央アメリカのマヤ文明、インドやパキスタンのハラッパ文明など、文明のことごとくが没落したのは、増えつづける人口がそれぞれの環境を圧倒してしまったせいなのだろう。歴史の本では王たちと蛮族の侵入について長々と語られている場合が少なくないが、結局は、森林破壊や浸食のほうが、人間の歴史を形づくるうえではるかに重要な役割を果たしていたようである。

◉溜め山に残されていた答え

古植物学者は、数世紀を経た植物の遺物を研究することで、長い年月にわたるチャコキャニオンとペトラの植生変化についてはっきりとしたイメージを描き出した。この手法によって、

ヨルダン国内にある古代都市ペトラ。

どんなふうにして森林地帯が低木の土地に変わり、ついには砂漠へと変化していくのかを知ることができる。しかし、研究者はどうやって何世紀も前の花粉や植物の繊維を手に入れているのだろう。このとき頼りにするのが植物をエサとする小動物で、彼らは集めた草木を「溜《た》め山」と呼ばれる地下の隠れ家に蓄えておくのだ。

チャコキャニオンの調査では、溜め山の主はパックラットという小さな齧歯類だった。一カ所のパックラットの溜め山は、五〇年から一〇〇年ぐらい使われると放棄されるのが普通だが、そのあとには何世代にもわたって溜め込んだ植物が残っている。とくに乾燥した砂漠という条件のもとでは、植物は何世紀にもわたって格好の状態で保存されている。研究者は放射性炭素法で溜め山の年代を測定できるので、まさにタイムカプセルのようなものである。溜め山が使われた時代の土地に生えていた植物のサンプルが蓄えられているのだ。

ペトラにはパックラットは住んでいないが、溜め山は残されていた。中東に生息しているハイラックスというウサギほどの大きさの哺乳類の溜め山だ。パックラットと同じように、ハイラックスもまた植物性の食料を地中に蓄える習性がある。ペトラにある古い溜め山には一〇〇種類近くもの植物の遺物が含まれていた。この遺物を調べれば、溜め山を使っていたハイラックスが生存していたところ、つまり古代文明と同じ時代の生息環境がどのようなものだったのかがわかる。生息環境の歴史と人間の歴史の両方を知るうえで、動物の溜め山には貴重な情報が詰まっているのだ。

環境保護主義の過去と未来

いわゆる環境保護主義の黄金時代というものが、ますます作り話めいたもののように思えてくる。しかし、現代の産業化社会の外側で生活をしている人びとのなかには、正しい自然保護を実践している人たちが存在するのは私たちもよく知っている。種という種が絶滅したわけではないし、環境という環境が破壊されてきたわけでもない。とすると、黄金時代はまったくの暗黒だったというわけでもないようだ。

小規模で長い歴史をもち、しかも平等がある程度実現している社会では、自然保護の実践が高まっていく。身近な環境を知るために必要な時間、そして環境を守ることが自分たちにとって一番重要であること、それを理解するために必要な時間に十分恵まれているからなのだ。環境破壊は、マオリ人やイースター島の島民と同じように、なんの前ぶれもないまま不慣れな環境に移り住んだときに起こりやすい。また、辺境の土地にどんどん入植をしていくときのように、そのあとには破壊された環境が残っても、新たな土地に向かってただ突き進んでいけばいい場合も同じである。

新たな技術を手に入れ、その破壊力について十分納得する余裕がないときにも環境破壊は発生しがちだ。現在これが起きているのがニューギニアで、ショットガンに撃たれてハトの個体群が絶滅に瀕している。また、中央集権化が極端に進んだ国家が環境破壊に陥りやすいのは、自分たちが住む環境についてよく知りもしない支配者の手に権力が集中しているからである。最後に、ある種の動物や生息環境について、ほかに比べた場合、ダメージに対して一層無力なものが存在しているという点である。羽をもたず、人間に対して恐れを知らない鳥はあっけなく餌食になってしまう。また、アメリカ南西部や地中海周辺のような土地は、乾燥してもろくて壊れやすい環境であるため、容易に破壊も進んでしまいがちだ。

人間というものが種をいとも簡単に死滅させ、資源を破壊しつくしてしまうものなのか、それらを知ったうえで、私たちがそこから具体的になにを教訓として学ぶことができるのだろう。たとえば、行政の政策立案者なら過去から学ぶものは少なくない。アメリカの南西部には二六万平方キロ以上ものマツとネズの森林が広がるが、その樹木も私たちはますます薪に使うようになっている。残念なことに農務省林野局は、森林にダメージを与えずにどの程度まで樹木を伐採できるのか、それを判断するうえで必要な情報をもっていない。しかし、その実験はすでにアナサジの人びとが試みて失敗している。すでに八〇〇年以上を経過したというのに、チャコキャニオンの森林はまだ回復していない。考古学者にお金を出して、アナサジの人びとがどれだけ薪を使ったのか算出させたほうが、同じまちがいをもう一度犯し、いまの私たちがまさにそうであるように、二六万平方キロの森林を破壊してしまうよりはるかに安上がりにすむかもしれない。

生物資源を枯渇させることなしに、長期間にわたって収穫していけるペースを知るのは、私たち人類にとって決して簡単なことではない。減少のきざしが誰の目にも明らかになるころには、当の生物や生息環境を救うのはもはや手遅れになっているかもしれない。ニュージーランドのモアを絶滅させたマオリ人、マツとネズの森林を消滅させたアナサジの人びとは善悪にかかわる罪を犯したわけではなかった。そうではなく、ひと筋縄では解決しようのない生態学上の問題解決に失敗していたのである。

実は、過去において生態学上の悲劇的な失敗を犯した人と私たちのあいだには決定的な違いが二つある。こうした人たちに欠けていた科学的な知識が私たちにはあること、その知識を伝えあい、共有できる手段が私たちにはあることだ。過去にどのような生態学的な惨状が起きていたかについて、なんでも読んで知ることができる。しかし、そうでありながらも、私たちはいまだに捕鯨をおこない、熱帯雨林の森を伐採している。まるで、これまでモアをしとめたり、マツとネズの森林を切り倒したりした人など誰もいなかったようである。もしも昔が無知ゆえの黄金時代だったとすれば、現在はわざと無視を決め込んだ鉄の時代なのかもしれない。

第15章

新世界の電撃戦と感謝祭

ヨーロッパ人のアメリカ〝発見〟を祝おうと、合衆国には「コロンブス記念日《デー》」と「感謝祭」が設けられている。それよりはるか昔にこの国を発見したインディアンの祖先に対してとなると、合衆国にはそれを記念する祝日は存在しない。考古学の調査では、古いほうのアメリカ発見は、まさに手に汗握るドラマで、それに比べるとコロンブスやプリマスロックのピルグリム・ファーザーズの冒険はまったくちっぽけなものにすぎなかったようである。北極の氷床を抜けられる通路を見つけると、インディアンは一気にアメリカ大陸になだれこんで南アメリカ大陸の南端へと向かい、おそらく一〇〇〇年以内のうちにパタゴニアにまで到達した。そして、南進も終わりを迎えたこのころには、インディアンは実り豊かで未踏の二大陸に住み着いていた。

インディアンの南進は、ホモ・サピエンスの歴史において、種の生息範囲としては最大規模の拡張にほかならない。そして、南進はもうひとつのドラマを生んだ。大絶滅である。はじめての狩猟民が到達したとき、いまでは絶滅してしまったが、アメリカ大陸は大型の哺乳類で満ちあふれていた。ゾウのようなマンモスとマストドン、重さ三トンにもなる地上性のナマケモノ、クマほどの大きさのビーバー、サーベルタイガー（剣歯虎）やライオンやチーター、ラクダや馬やそのほかにも多数の大型哺乳類が生息していたのだ。

人間とこれらの野生動物が出会ったとき、いったいなにが起きていたのだろうか。この点に関しては、考古学者と古生物学者とでは意見が分かれる。私にとって一番納得できそうな言葉に訳せば「電撃戦」、つまり電光石火の奇襲をしかけ、動物はあっという間——おそらくどの地域でもわずか一〇年のうちに絶滅に追い込まれていった。こうした見解に誤りがなければ、この絶滅は、恐竜が死に絶えてから起きた、最速にしてもっとも苛酷な絶滅だったはずである。そして、それはまた「環境に無垢《むく》な黄金時代」という神話を撃破する電撃戦において、その第一次攻撃に相当するものでもあったと言えるだろう。

人類史における最大の拡張

アメリカ大陸において動物と最初の人間が対面したことは、人類拡張の壮大な叙事詩の最終章に当たるものだった。人類は、アフリカを起源の中心にして広がっていき、アジア、ヨーロッパへと拡大していくと、次いでアジアからオーストラリアへと広がっていった。これによって、移住可能で人間がまだ足を踏み入れていない最後の大陸は南北アメリカだけとなる。それならば、人びとはいつごろどうやってアメリカ大陸へと到達したのだろう。

カナダから南アメリカの南端まで、ここに住むインディアンは、ほかの大陸に住む人間に比べると互いによく似通っている。インディアンが当地に到着したのはごく最近のことなので、遺伝的な多様性を示すほど進化を重ねていない。同時に、インディアンは東アジアの特定の人びとにも似ている。考古学と遺伝学から、アメリカの先住民はアジアを起源にしていることが明らかにされた。アジアからアメリカにいたる最短ルートは、現在、シベリアとアラスカを隔てているベーリング海峡を渡るコースだ。最終氷河期の二万五〇〇〇年前から一万年前までのあいだ、大量の海水が陸上の氷となって、世界中の海水面は下降していた。この期間、シベリアとアラスカのあいだは、現在はベーリング海峡の海面下にある陸橋によって結ばれていたのだ。

しかし、陸橋だけでアメリカ大陸に入植できたわけではない。陸橋のアジア側、つまりシベリアに人間が住んでいる必要があったのだ。ただ、厳しい気候のため、シベリア北極圏にヒトが定住するようになるのは、人類史においてはだいぶあとのことだった。だが、二万年前になるとマンモスを追ってここに狩猟民が住むようになり、石器のほかその存在を示す痕跡を残している。そして、シベリアの狩猟民が使っていたものによく似た石器がアラスカでも発見されている。年代は一万二〇〇〇年前ごろのものである。

ただ、今日で言うアラスカに渡ってからも、氷河期の狩猟民はさらにもうひとつの障害によっておっていた。現在はアメリカ合衆国となっている地域から閉ざされていた。広大な氷原がカナダ一帯をおっていたのだ。そして、約一万二〇〇〇年前、ロッキー山脈の東側に氷結していない、狭い通廊が出現したのである。氷のないこの通廊を、狩猟民がただちに南下したことがわかっているのは、氷原の南にある発掘地から、彼らの使っていた石器が出土しているからなのだ。そして、この時点で狩猟民たちは新世界の大型獣と出会い、そして壮大なドラマもここで始まることになる。

これら開拓期の祖先は、石器が最初に見つかったのがニューメキシコ州クローヴィスの町であったことからクローヴィス人と考古学者から呼ばれている。それ以来、クローヴィス式の石器、あるいはそれに似た石器が北アメリカ中で発見されてきた。これらの石器は、さらに古い時代の東欧やシベリアの狩猟民が使っていた石器によく似ていた。だが、クローヴィスの化石の場合、矢じりの両面にはさらに溝が刻まれている。矢じりを柄にしっかりと結びつけるための溝だが、しかし、この武器を投げて使っていたのか、それとも刺して使っていたのかはわかっていない。ただ、いずれにしても大型哺乳類にふかぶかと刺さった先端は、その骨を貫通するほどじょうぶなものだった。骨格の内側にクローヴィス式の矢じりを残したマンモスやバイソンの遺骨が発見されている。

クローヴィス人はまたたく間に拡散していった。発見されている合衆国内のクローヴィス遺跡に広まるには、一万一〇〇〇年前よりも少し前の、わずか二～三世紀ぐらいしかかからなかった。それからクローヴィス式の矢じりは、これよりも小さく、精巧に作られたフォルサム（ニューメキシコ州フォルサムで発見）の矢じりに取って代わられる。この矢じりはバイソンの骨とともに見つかるが、マンモスの骨と同時に発掘されたことは一度もない。

クローヴィスの矢じりではなく、なぜそれよりも小さなフォルサムの矢じりに変わっていったのだろう。おそらくそれは、大型の哺乳類が絶滅してしまい、大きな矢じりが必要とはされなくなっていたからなのである。マンモスはもう一頭も残っていない。ラクダ、馬、地上性のナマケモノやほかの大型哺乳類の姿も消えてしまった。南北アメリカにいたあらかたの大型哺乳類が、同じ時期に消滅していたのである。

絶滅の原因について、古生物学者の多くは、氷河期の終わりに起きた気候と生息環境の変化のせいにしている。しかし、氷河期が終わりを迎えたということは、氷が溶け、森林や草原が広がっていくので、動物にとってむしろ生息地の拡大をもたらすはずだ。それに、アメリカのマンモスはそれまで少なくとも二二回の氷河期の終わりを生き抜いてきていた。さらに、このときの絶滅では、暑い気候を好む種と寒い気候を好むいずれの種も死に絶えていたのだ。気候の変動が原因なら、これでは実態にそぐわなくなってしまう。

狩猟民とマンモスの出会った結果を「電撃戦」と表現したのは、アリゾナ大学のポール・マーティンだった。マーティンの考えでは、氷結を免れた通廊からはじめて姿を現してからというもの、狩猟民が繁栄を続けて人口をどんどん増やせていけたのは、人間をまったく警戒せず、捕えるのも容易な大型哺乳類を数え切れないほど見つけたからである。そして、ある土地で獲物がいなくなれば、狩猟民とその子孫は新たな別の土地へと散らばっていき、そこでもマンモスの個体群が姿を消すまで殺しつづけた。そして、狩猟民が南アメリカの南端に到達したころまでには、新世界の大型哺乳類はあらかたその姿を消していたのである。

ユタ自然史博物館に展示されているクローヴィス人の矢じり。
（ユタ州ソルトレイクシティ）

新世界ではじめての事件

ポール・マーティンの「電撃戦」説は激しい論争を呼んだ。「通廊をやってきた小集団の狩猟民が、わずか一〇〇〇年で二大陸に人口を広げるほど急速に増えていけるのか?」「南アメリカの南端まで一万三〇〇〇キロもの距離を一〇〇〇年で到達できるのか?」「クローヴィス人の狩猟民は新世界に最初にやってきた人類なのか?」「いくつもの種のひとつの個体も残すことなく、何百万という大型哺乳類をことごとく殺すことなどできるのか?」という疑問が寄せられた。

近代のことになるが、無人の島に入植した場合、人口は年率三・四パーセントのペースで増えていった。一組のカップルが四人の子どもを産み、生まれてから子どもを作るまでの世代時間を平均二〇年とした場合、この増加率では一〇〇名の狩猟民が一〇〇〇万人に達するために要する時間は、わずか三四〇年にすぎない。そして、一〇〇〇年で南アメリカの南端まで拡張するためには、年間平均して一三キロ進んでいかなければならないが、これは骨の折れるような仕事ではないだろう。十九世紀のアフリカでは、ズールー族の人びとが五〇年間で四八〇〇キロ進んだことが知られている。

クローヴィス人がカナダ南部の氷原に進んだ最初の人類であるかどうかは難問だ。考古学者のあいだでもとくに論争の的になっている問題である。研究者によっては、クローヴィス人よりも古い人類の証拠が認められる遺跡は何十カ所も存在すると考える者もいる。ただし、クローヴィス以前の遺跡についてては、すべての専門家たちのあいだでまったく無条件で受け入れられているわけではない。

それとは対照的に、各所で見つかったクローヴィスの文化を示す証拠は否定のしようがなく、専門家のあいだでも広く受け入れられている。発掘現場という現場で、同じ層から絶滅した大型動物の骨とクローヴィス人の道具がいっしょに発見されている。クローヴィス層の上がフォルサムの道具類が出土する新しい地層だ。しかし、バイソンの骨はともかく、巨大なマンモスの骨は一本たりとも見つかっていない。クローヴィス層の下の層には、何千年分に相当する絶滅したマンモスの骨が含まれているが、人間の作った道具や人骨などはまったく見つかっていない。この点を踏まえれば、クローヴィス人が最初のアメリカ人だという説こそ筋が通っているように私には思える。

◉メドウクロフト遺跡とモンテベルデ遺跡：残された疑問

考古学者のなかには、クローヴィス人の時代以前にアメリカ大陸に存在した人類の証拠を発見したと主張する人がいる。こうした主張には、つねになんらかの疑問がともなう。放射性炭素年代測定に用いたサンプルにそれより古い物質が交じっていないか、測定するサンプルは実際に人間の遺物といっしょに発掘されたものなのか、人間が作ったとされる道具は実はただの自然石ではないのかといった疑問である。

前クローヴィス式の遺跡として、もっとも信頼性が高いとされる二つの遺跡のひとつが、ペンシルベニア州のメドウクロフト遺跡で、年代はおおよそ一万六〇〇〇年前にさかのぼる。もうひとつがチリのモンテベルデの遺跡で、こちらは少なくとも一万三〇〇〇年前のものだ。モンテベルデには保存状態のよい各種の道具が残っていたが、こうした人工遺物の放射性炭素年代測定に関しては疑問の余地が残されたままだ。また、メドウクロフト遺跡についても年代測定が正確だったのかという議論が続いている。とりわけ、遺跡から採集された動植物のサンプルが、一万六〇〇〇年前のものではなく、はるか後年になってからここで生息するようになったものだと考えられているからである。

メドウクロフトとモンテベルデの二つの遺跡をめぐる疑問に関し、さらに正確な証拠をともなう答えが用意されない以上は、新世界最古の住人として明確に判断できるのは、クローヴィス人だと考えてしかるべきだろう。

マンモス絶滅

「電撃戦」論をめぐって、もうひとつ熱い論争が交わされているのがマンモスの乱獲と絶滅である。石器時代のハンターがマンモスをしとめること自体まったくイメージがわいてこないだけに、まして絶滅となると想像するのはなおさら難しい。しかし、ロシア南部にある現在のウクライナ

体高約 3.7 メートル。このコロンビアマンモスの骨格標本は世界最大のものだろう。1万年前ごろに絶滅するまで、北米大陸の平原ではコロンビアマンモスが歩きまわっていた。そして、新世界に移り住んだ狩猟民は槍を使ってコロンビアマンモスをはじめとする大型哺乳類を狩りつづけていた。

地方では、定期的にマンモス狩りがおこなわれ、その骨をていねいに積み上げて家が建てられていた。狭い河床で待ち伏せ、脅えたマンモスを槍でしとめている初期のアメリカ人の集団をイメージしてほしい。何度もこうした狩りがおこなわれていたはずである。

忘れてならないのは、新世界の大型哺乳類にとって、おそらくクローヴィス人ははじめて目にした人間だったという点だ。人間を知らないまま進化してきた動物は、驚くほど素直で恐れというものを知らない。ニューギニアの無人の秘境、フォジャ山脈を私が訪れたときのことである。ここで出会ったキノボリカンガルーは本当に人なつっこく、手を伸ばせば届く距離まで近づけたほどだった。おそらく、新世界の大型哺乳類は、人間への恐れを学んで進化する以前に地上から抹殺されてしまったのだろう。

クローヴィス人のハンターは、絶滅させるほどの勢いでマンモス殺しを繰り返していたのだろうか。現存しているゾウの場合、子どもが産めるようになるのは遅く、繁殖が可能になるまで二〇年もかかってしまう。先史時代の哺乳類では、おそらくもっと遅かったのだろう。三年足らずでふたたびもとの数だけ繁殖できる大型動物もほとんどいない。だから、クローヴィス人のハンターは、わずか数年である土地の大型哺乳類を絶滅させると、次の土地に移動していくことができたのである。

クローヴィス人のハンターもたぶん頻繁に狩りをしていたのだろう。一頭のマンモスからは約一一〇〇キロの肉を得ることができるが、その肉をまるまる使い切るにはこれを乾燥させ、保存できるようにしておかなくてはならない。肉がほしければもう一頭しとめればいいという場合に、山のような肉を干すためにわざわざ働きに出向くような真似をするのだろうか。たぶん、ハンターたちはマンモスを殺すたびに、肉の一部と毛皮や象牙などの望みの部分をいっしょにもちかえっていたはずだ。

現代の欧米のハンターが、バイソンやクジラやアザラシや多くの大型哺乳類を根絶やしにしてきた電撃戦については、私たちの誰もが実によく知っている。人跡未踏の島に初期の狩猟民が到来したときにも、同様な電撃戦が大洋上の島々でも起きていたのだ。とすれば、未開拓の新世界にクローヴィス人のハンターが足を踏み入れたとき、どうしてこのときだけはそうではなかったと言うことができるのだろうか。

第16章

第二の雲

自分の子や孫が生き延びられるか、地球が生存する価値のある惑星なのか、そうした問題について人類史上はじめて真剣に悩んだのが私の世代である。こうした不安を抱いたのはほかでもない。種としての生存に関して、私たちの頭上に二つの暗雲が垂れ込めていたからである。いずれの雲ももたらす結果は同じだが、私たちはまったく別のものだと見なしている。

雲のひとつは、全人類を破滅させる核の危機である。この危機は広島の上空をおおったキノコ雲のなかではじめてその姿を現した。第二次世界大戦中の一九四五年、この町に史上初の原子爆弾が投下された。誰もが核の危機はまぎれもない現実だとわかっている。だが、国々には核兵器が山と積まれ、そして政治家は政治家で、どうしようもない過ちを歴史上たびたび犯してきた。今日の世界の外交の大半は、核の脅威に基づいて形づくられている。

二番目の雲は、環境破壊の危険である。種の大半が世界中で徐々に絶滅していることこそ、この破壊をもたらす潜在的な原因だ。しかし、核による大虐殺は悪いと全員の意見は一致しても、種の大規模な絶滅をめぐっては意見の一致は図れず、大量の絶滅は現実のものなのかどうか、か

切り開かれたばかりのアマゾンの熱帯雨林でおこなわれている牛の放牧。世界各地で放牧が森林破壊と環境破壊の大きな原因になっている。

りに起きたとしても本当に大事にいたるものであるのかどうか、私たちの意見は食い違いを示している。

環境の大破壊は進んでいるのか

国際鳥類保護会議（ICBP）が公表した数字は、過去二～三世紀のあいだにかけ、全世界で一パーセントの鳥類が人間によって絶滅に追い込まれたことを示している。そして、この数字についての人びとはどのように考えているのだろう。

ある極端な例として、思慮分別に優れた多くの人たち——とくに経済学者や産業界のトップ、それに一部の生物学者や一般の人たちは、一パーセントは多く見積もりすぎており、実際の損失はずっと小さなものだったと考えている。しかし、それが現実に起きていたことだとしても、こうした人たちは、鳥類の一パーセントを失っても、たいした問題ではないだろうと高をくくる。

これとは反対の極端な例では、やはり思慮分別に優れた大勢の人たち——とくに保全生物学の研究者や環境保護活動に関係する人たちは、一パーセントは低く見積もりすぎで、実際の損失はもっと大きいと考えている。また、大規模な絶滅によって、人間の生活の質と可能性は著しく損なわれると考えている。この二つの見方のどちらが真実に近いのか、それによって私たちの子どもや孫たちの将来は大きく違ってくるだろう。

人類はこれまでどれだけの種を絶滅させてきたのだろうか。これから将来、私たちや私たちの

種の絶滅と人口変化

（出典：アメリカ地質調査所）

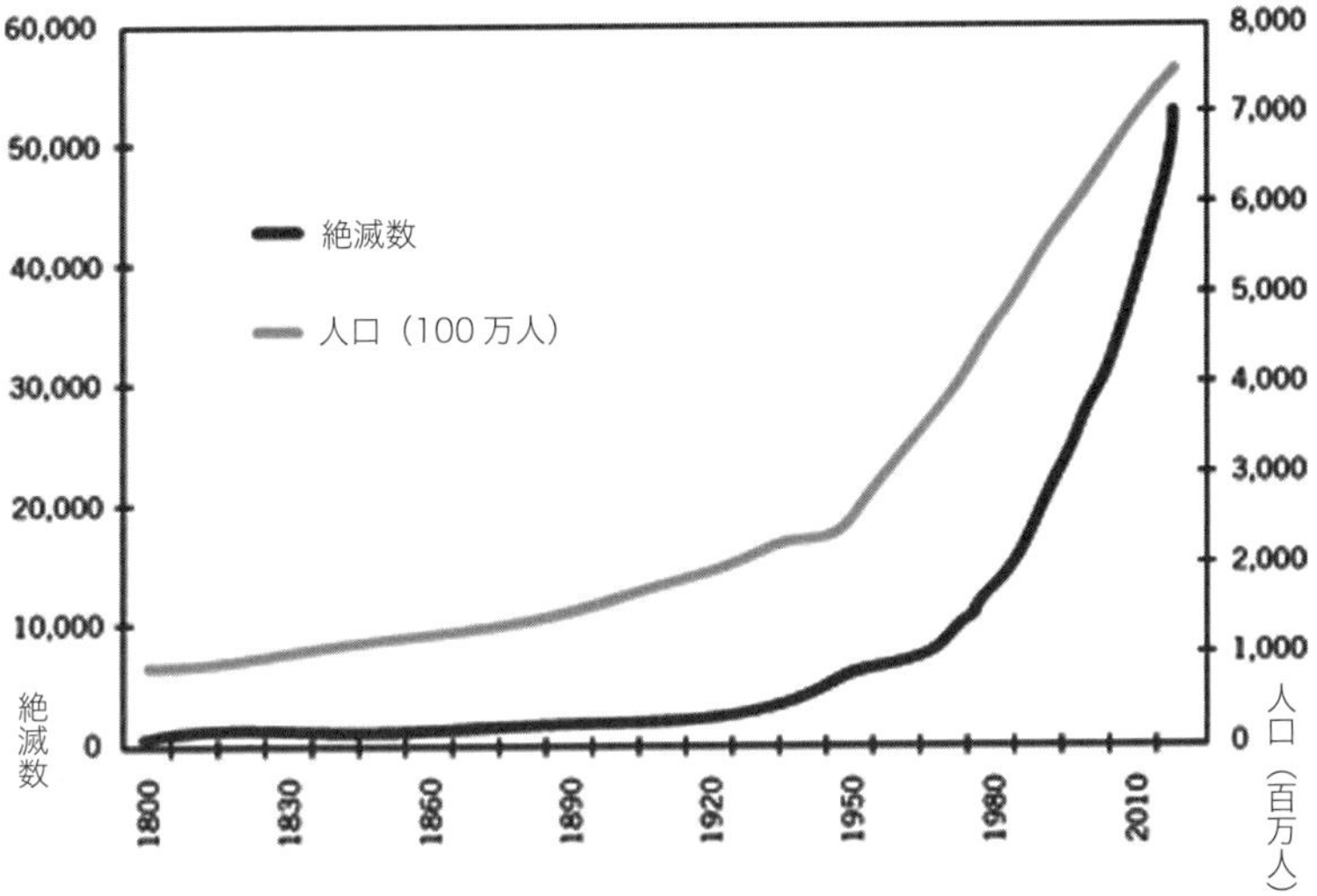

1800年以降、人口の増加（グラフ右の縦軸）とともに、絶滅した種の数（グラフ左の縦軸）も途切れることなく増えつづけている。平行して上昇する線を見ると、現在起きている絶滅のうち、人間はどれほどの絶滅を引き起こしたのかと考えてしまう。

子どもの生涯において、さらにどれだけの種が死に絶えてしまうのだろう。そして、絶滅が起きた場合、いったいなにが問題となるのだろうか。どの道、種のすべては残らず絶滅してしまうものではないのか。大絶滅は絵空事ではないのか、将来本当に起こる危機なのか、あるいはすでに起こりつつある危機ではないのだろうか。

こうした疑問に答えるには、現実のデータをまず用意しておく必要がある。近現代を迎え、種の学問的な命名と分類がまさに始まった一六〇〇年以降、どれだけの数の種が絶滅したのかを知っておかなくてはならない。それから一六〇〇年以前に立ち帰り、どれだけの種が人間によって絶滅したのかを調べたうえで、さらに今後の将来においてどれだけの種が絶滅してしまうのかを予測しなければならない。そのうえで、いったいどのような違いを私たちはもたらすことが可能なのか、それを問いただすことができるのだ。

現代に起きた種の絶滅

一六〇〇年以降、絶滅した鳥類は一パーセントというこの数字はなにを根拠にしているのだろう。国際鳥類保護会議は、一六〇〇年以降に死に絶えた鳥として、一〇八種の鳥とさらに多数の亜種をリストアップした。そしてこれらの種の絶滅のほぼすべてに人間はなんらかの形でかかわっていた（これについては本章の終わりでさらに詳しく見よう）。現在、およそ九〇〇〇種の鳥が生存している。絶滅一〇八種というのはこの九〇〇〇種の約一パーセントに相当するものだ。

しかし、国際鳥類保護会議が絶滅種と呼ぶのは、かつてその鳥が生存した場所、あるいは出現する場所をとくに調査した場合に限られている。では、国際鳥類保護会議の細心な調査を経ていない鳥の場合はどうなるのだろうか。ヨーロッパや北米には何十万人という熱心なバードウォッチャーがいて、鳥の状態は例年観察されている。しかし、残念ながらこれは植物やほかの動物に当てはまるものではなく、世界に現存している大部分の鳥についてさえそれは変わらない。

熱帯地方の国々には圧倒的多数の鳥類が生息しているが、これらの国々にはバードウォッチャーはめったにいない。発見されて以来、誰の目にもとまらず、とくに調査もされていないので、熱帯に生息する大半の鳥の状況はわかっていないままなのだ。ニューギニアのオリーブハゲミツスイはその好例だろう。一九三九年、あるラグーンの一カ所で一八羽の個体が発見されたものの、その後このラグーンに研究者がふたたび足を踏み入れることはなかった。今日、オリーブハゲミツスイがどうなっているのかは、なにひとつわからないのだ。

だが、オリーブハゲミツスイについては、どこを調べればいいのかその場所はわかっている。多くのほかの種は、十九世紀の探検家によって集められた標本に記述されている。ただ、どこでその鳥の標本を収集したかになると、情報は曖昧になってしまうこともあるのだ。その鳥の現状を調べようにも、採集地は「南米」としか残っていない。したがって、絶滅種に関する疑問に答えようとする場合、標本に名前の載る鳥がいまも生存しているのかどうかはわからない。また、命名さえされないまま、絶滅していた種も存在していたかもしれないのだ。

もちろん、それもありうる話だろう。世界には三〇〇〇万種もの生物種が存在していると科学者は推定しているが、そのうち特定されて名前をもつものにいたっては二〇〇万種にも満たないのだ。植物界を例にあげれば、いかに多くの植物が命名される前に絶滅しているのか理解できるだろう。植物学者のアルウィン・ジェントリーが、南米エクアドルのセンティネラという孤立した山岳地の尾根で植物を観測していたときのことだった。この尾根でジェントリーは、ここだけにしか見られない三八種の新種を発見したにもかかわらず、間もなく尾根には伐採の手が入って、新種の植物も根こそぎ消えてしまった。

ジェントリーが伐採以前にセンティネラを訪れたのはまったくの偶然だった。何千種という数の植物や陸生の巻き貝やほかの生物が、いまは存在しない無数の尾根に生息していたにちがいないのだ。私たちはそれを知らないまま、こうした種を絶滅に追い込んできたのである。

◉マレーシアの幻の淡水魚

種の豊かさでは熱帯の国々がまさっている。しかし、増加する人口や経済上の要求の板ばさみとなって、熱帯の国の多くは環境と資源をめぐる圧力に直面している。その典型が東南アジアのマレーシアである。マレーシアにうかがえる淡水魚の消失は、こうした圧力がどれほど種の絶滅を招く原因となるのか端的に示しているだろう。マレーシアの森林を流れる河川を調べた生物調査隊は、以前ここで二六六種の淡水魚を分類していた。しかし、低地の森林が伐採されたあとでは、四年がかりの調査で見つかったのは二六六種のうちわずか一二二種と半分にも満たなかったのである。残りの一四四種については希少種になってしまったか、あるいは生息地がごく限定されたのか、それとも絶滅していたにちがいない。誰も気づかないうちにそのような状態に陥っていたのだ。マレーシアがすでに半数（あるいはそのほとんど）の種の淡水魚を失っていたとすれば、熱帯地方のほかの国々においても、植物や魚類、あるいはそれ以外の多様な生物の現状について、妥当な推定値を提供してくれるはずだ。

過去に起きた絶滅

一六〇〇年以降に種の絶滅が進行したのは、世界の人口が増加して、それまで無人の地域にも人が移り住み、ますます破壊力に富んだ技術が発明されたことが理由であるのは知られている。人類は、一六〇〇年以前にも種の絶滅を引き起こしていたのだろうか。そして、その絶滅がどの程度の規模だったのか知る手立てはあるのだろうか。

五万年前、私たち人類は、アフリカとヨーロッパとアジアの温暖な地域だけに生息していた。それから西暦一六〇〇年のあいだにかけて、人類はほかの大陸や大洋上のおもだった島々を支配するまで拡張を続けた。また、人類は数の点でも膨大な拡張を経験していた。五万年前にはおよそ数百万人だった人口は、一六〇〇年にはおおよそ五億人に達した。本書の第14章、第15章で見たように、古生物学者が研究してきた世界のあらゆる土地、そして過去五万年のうちに人類が到達した場所では、人類の出現とほぼ時を同じくして種の絶滅の波が打ち寄せていた。

この一致に科学者たちが気づいて以来、種の絶滅は人類が引き起こしたのか、それともたんなるタイミングの問題で、人類の到達が気候変動による絶滅の時期にたまたま重なっていたのか、その点をめぐる議論が続いてきた。ポリネシアの島々やマダガスカルの場合、人類の到達が鳥類に絶滅の波を招いたことについては疑問の余地はないだろう。ただ、オーストラリアや新世界など、それ以前に起きていた絶滅については議論が続いている。しかし、気候変動を絶滅の原因とするにはやはり無理があるようだ。気候の変動はあったにしても、いつ、どこでそれが発生しようと、そのたびに種の絶滅が起きていたというわけではないからだ。種の絶滅の波は、気候の変動より、人類到来の事実と明らかに一致している。

先史時代の人びとは新たに移り住んだ土地の生物種だけではなく、おそらく、それ以前に長年にわたって住みついていた土地でも種の絶滅を引き起こしていたのだろう。過去二万年のあいだ、ユーラシアではマンモス、オオジカ、ケブカサイが絶滅していた。アフリカでは大型のバッファロー、大型の馬が死に絶えている。これらの大型獣は長い年月をかけて人間に狩られつづけ、人間が以前にも増して優れた武器を開発したことでことごとく殺されている。カリフォルニアのグリズリー、イギリスのクマ、オオカミ、ビーバーが数千年にわたる狩猟のあげく、近現代になって絶滅したのと同じ理由で、こうした大型獣もまた姿を消してしまったのだ。その理由とは、人間の数がさらに増え、武器がいっそう優秀になったからにほかならない。

先史時代の人類によって、どれだけの植物や爬虫類、昆虫が絶滅したのか、その数を推測しようと試みた人はまだ誰もいない。島々で起きた鳥類の絶滅を調べた研究では、おおよそ二〇〇〇種の鳥、つまり二〇〇〇年から三〇〇〇年前に生存していた鳥類の五分の一が島に住む先史時代の人間の手によって絶滅に追いやられたとしている。この数字には同じ時代に大陸に生息していた鳥類の絶滅は含まれていない。大型哺乳類に関しては、研究者はその絶滅をたんなる「種」のレベルではなく「属」のレベル、つまり近縁種のグループ単位で考えた。北アメリカでは、人類の到達時あるいはその後に大型哺乳類の属の七三パーセントが絶滅している。南アメリカとオーストラリアでは、それぞれ八〇パーセント、八六パーセントの大型哺乳類が死に絶えていた。

将来に起こる絶滅

人間が引き起こした絶滅の波は、そのピークをすでに通り越したのだろうか。それとも、これから本格的にその波を迎えようとしているのか。この疑問については二通りの考え方ができるだろう。

将来の絶滅を予測するひとつの方法は、今日、絶滅危惧種のリストに載っている生物が、明日には絶滅すると考えることである。現存する生物で、個体数を危険なレベルに達するまで減らしている種はどれくらい存在するのか。国際鳥類保護会議は、少なくとも一六六六種が日を置かず絶滅の危機に瀕するか、もしくは絶滅に追い込まれていると試算している。その数は世界中で生息している鳥類のほぼ二〇パーセント、つまり五分の一に等しい。ここで私は「少なくとも一六六六種」と書いているが、これは低く見積もったうえでの数字であり、しかも研究者の注意を引く種類の鳥の現状に基づいているだけで、鳥類すべての種を見渡したうえでの数ではない。

もちろん、絶滅の危機にあるのは鳥類だけではない。よく知られているように、哺乳類、魚類、爬虫類、両生類、昆虫、そのほかの小さな生物、また植物などのおびただしい数にのぼる種も絶滅の崖っぷちに立たされているのだ。

将来起こりうる絶滅をめぐるもうひとつの考え方は、私たちはどのようにして種を滅ぼしてきたのか、その方法を理解するということだ。人類の人口増加は、次の四通りの方法をおもな手口にして、生物の種を絶滅へと追いやってきた。乱獲、種の移入、生息地の破壊、波及効果の四通りである。これら四つの手口はペースダウンするのか、それを考えてみよう。

繁殖によって種の数を維持していけるペースをうわまわる速さで捕獲するのが乱獲だ。人間はもっぱらこの方法で大型動物を絶滅に追い込んできた。私たちはすでに、絶滅できる大型動物をすべて滅ぼしてしまったのだろうか。そんなことはあるまい。個体数が激減するまでクジラを捕獲したことで、多くの国々が商業目的でクジラを捕獲することを禁じる国際的な取り決めを結んだ。しかし、日本は「学術調査のため」という理由で捕獲できるクジラの数を三倍に増やした。アフリカでは、角や象牙のためにますます多くのサイやゾウが虐殺されている。この増加率では、サイやゾウにとどまらず、東南アジアやアフリカの大型哺乳類まで数十年のうちに絶滅して、動物園や自然保護区のなかでしか生きていけなくなってしまう。

種の移入とは、意図的もしくは偶然のいずれにせよ、もともとその土地には生息していない生物を地球上の別の場所にもちこむことをいう。たとえばアメリカ合衆国だと、移入されていまやしっかりと根づいた種として、ドブネズミ《ノルウエーラット》やヨーロッパムクドリ、またニレ立枯病、クリ胴枯病を引き起こしている菌などがあげられる。これらはいずれも北アメリカを原産とする生物ではない。どれも人間の手によって、偶然あるいは意図してもちこまれた生物なのである。

新しい土地に種が移入されると、これらの種はもとからいた種を食べ尽くしてしまうか、病気をうつすかして絶滅させてしまう場合が少なくない。たとえば、地上に巣を設けるニュージーランドの鳥類の場合、巣のなかの卵やヒナは外来種のネズミの格好の餌食になってしまう。アメリカのクリの木もまたそうした例のひとつであり、アジア原産のクリ胴枯病の菌によって、この国のクリは事実上、絶滅状態に追い込まれたままだ。この菌がアジア産のクリの木にダメージを与えないのは、アジア産のクリの木には、この菌に対する抵抗力を進化させるだけの時間があったからである。

私たちはいまもまだ有害な小動物を世界中にまき散らしている。ヤギやドブネズミのいない島は現在もたくさんあり、各国々で昆虫や病気の侵入を防いでいる。ただ、よかれという意図がその結果を保証してくれないのもまた事実だ。アフリカのビクトリア湖で、おそらく現代になってから最大規模の絶滅が始まったのは数十年前のことだった。ビクトリア湖はここにしか生息していない何百種という魚の故郷だが、ナイルパーチという大型魚が人の手によって意図的に移入された。食料資源として商業的な価値が高いと考えたうえでのことである。しかし、ナイルパーチは捕食魚で、ビクトリア湖に生息していた固有の魚を食べ尽くそうとしている。

人間が種を絶滅させる三番目の方法が生息地の破壊だ。生物の大半は特有のタイプの生息地に住んでいて、そこだけにしか生息していない。ヌマヨシキリは沼地にしか生息しておらず、マツアメリカムシクイのほうは松林に住んでいる。沼地の水を抜かれたり、森林が切り倒されたりしてしまえば、こうした生息地に頼っている生物は絶滅を免れない。フィリピンのセブ島にはかつて、この島固有の一〇種の鳥類が住んでいた。だが、島の森林がすべて伐採されてしまうと、一〇種のうち九種までが姿を消していたのだ。

生息地に関する最悪の破壊はこれからもやむことはない。現在、世界のいたるところで熱帯雨林の破壊が推し進められている。熱帯雨林は全地表の六パーセントをおおうだけだが、全生物の半分以上がここを生息地としている。ブラジルの大西洋岸のジャングルとマレーシアの低地のジャングルはほぼ完全になくなり、ボルネオとフィリピンのジャングルは現在も伐採が続いている。二十一世紀のなかばまで、ある程度の広さで残っていそうな熱帯雨林は、南米ブラジルのアマゾンとコンゴ民主共和国の一部のジャングルにすぎないだろう。

生息地に破壊をもたらす四番目の原因が波及効果であり、ある行動が予想もつかない結果をもたらす場合に引き起こされる。食料と生息地をめぐっては、どの種もほかの種に依存しているのだ。ちょうどドミノ倒しのコマのように種は互いに結びついているのである。コマがひとつ倒れると、ドミノはほかのコマを倒していく。ある種が消滅したことでほかの種の絶滅を招き、その絶滅が今度はまた別の種を絶滅の縁に追いやってしまうのである。

◉ジャガーとアリドリ

自然は多くの種によって成り立ち、しかもその種は互いに複雑に関連しているので、ひとつの種の絶滅によって引き起こされた波及効果がいったいどのように広がっていくのか、それを予想するのは不可能に等しい。パナマのバロ・コロラド島に生息する小さな鳥、アリドリに降りかかった運命には波及効果の実際の様子がうかがえる。

二十世紀なかごろ、バロ・コロラド島にはジャガー、ピューマ、オウギワシの三種の大型の捕食者が生息していた。そして、三種の捕食者がいなくなることで島のアリドリが絶滅し、しかもこの島の森林さえ大きく変わるとは誰も予想さえしなかった。だが、変化はまちがいなく起きていた。

大型の捕食者が食べていたのが、サルやペッカリー（野生種の豚）、アカハナグマ（アライグマの仲間）の中型の捕食者で、このほかにも中型動物で種子類をエサにするアグーチやパカ（いずれも齧歯類《げっし》）を食べていた。大型の捕食者がいなくなったことで、中型の捕食者の数が爆発的に増えていく。そして、この中型の捕食者が食べ尽くしてしまったのがアリドリであり、その卵だったのである。また、中型の種子食の動物の数も一挙に増え、地上に落ちた大きな種子を食べ尽くしていた。そのためこうした種子を作る樹木は数を増やせず、広がっていくことができなくなり、それにかわって、小さな種子の樹種がその数を容易に増やしていくことになった。

バロ・コロラド島の森林で、小さな種子をつける樹木が勢いを得、大きな種子の樹木が数を減らしていくにつれ、これとは別の変化が起ころうとしていた。小さな種子をエサにするネズミやハツカネズミなどの動物が一気に個体数を増やしていき、そうなると今度はネズミやハツカネズミを捕らえようとタカやフクロウ、オセロット（小型のジャングルキャット）の数が増えていくことになる。

ジャガー、ピューマ、オウギワシはバロ・コロラド島ではありふれた生き物ではなかった。しかし、その姿が島からまったく消えたことで、波及効果は植物と動物の群集にくまなくおよび、ほかの種を含めて多くの生物が絶滅することになってしまったのである。

なぜ絶滅が問題なのか

絶滅とは自然の過程のひとつではないのだろうか。そうであるなら、現在起きている絶滅について、私たちはどうして気をもまなくてはならないのだろうか。

確かに種という種は最後には死に絶える。しかし、現在、人間の手によって引き起こされている絶滅の速度は、自然に起きている絶滅のペースよりもはるかに進行が速いのだ。化石に残された記録から、長い地質年代において種が平均どれくらいのペースで絶滅していったのかがわかる。たとえば鳥類では、自然状態において平均して一世紀ごとに一種以下の絶滅だった。だが、現在では一年で二種の鳥類が絶滅しており、比率は自然状態の絶滅の二〇〇倍にも達している。絶滅は自然のものなのだから、今日の絶滅の波について心配してもしようがないと考えるのは、人間は誰でも死ぬのが自然の定めだからといって、大虐殺を気にもとめないのと同じことなのだ。

絶滅についてどうして私たちが心配しなくてはならないのか、それに関しては波及効果のことを思い返してほしい。私たちが依存する生物もまた、ほかの生物に依存しながら生きているのだ。世界の紙をおもに生産している一〇種の樹木とはどれか答えられるだろうか。一〇種それぞれの樹木について、その樹木をむしばむ害虫を中心に食べる一〇種の鳥はなんという鳥で、その花粉を媒介するのにもっとも役に立っている一〇種の昆虫はどれで、その種子をもっとも多く拡散させている一〇種の動物はどれなのか。さらにこうした鳥、昆虫、動物はどのような種に依存しているのか――もしも、自分が製材会社の社長で、一〇種のどの樹木を絶滅させていいのかと決断をくだすのであれば、こうした質問には答えられなくてはならない。

この章のはじめで触れた二つの雲を比べてみよう。私たちの将来に立ちこめているあの雲だ。核による大虐殺の雲は確かに大きな災厄にちがいないが、いまのところはまだ起ころうとはせず、今後も起こることはないかもしれない。環境破壊による大惨事もまた致命的なものであるが、こちらはすでにまちがいなく進行中だ。それは数万年前にすでに始まり、現在かつてないほどのダメージをもたらしながら、破壊の程度をますます強めている。はたして、私たちにはその進行を本気になって食い止めるつもりはあるのだろうか。

おわりに　なにも学ばれることなく、すべては忘れさられるのか

過去三〇〇万年以上にわたって続いてきた私たち人類の興隆——現在、そのすべての進歩がくつがえされようという瀬戸際に人類が立たされている点を踏まえたうえで、この本のテーマについてもう一度立ち返ってみることにしよう。

動物のなかにあって、私たちの祖先がいささか毛色の違う存在であることを示す最初の兆候は、二五〇万年前のアフリカに現れた稚拙な石器だった。道具はやがて人類の生活にとってなくてはならない重要なものになったが、しかし、種としての人類が発展するうえでは、大いなる飛躍の引き金となるものではなかった。

それから一五〇万年のあいだ、人類はアフリカにとどまっていた。ヨーロッパやアジアの温暖な地域へと広がったのはおおよそ一〇〇万年前のことである。この拡散によって、人類は三種のチンパンジーのなかでもっとも広範な分布を遂げたことになるが、とはいえそれはライオンの分布よりもずっと小規模なものにすぎなかった。一〇万年前までには、ネアンデルタール人は火を使うようになっていたが、それ以外の点において人類はまだ単なる大型哺乳類の一種にすぎなか

った。芸術、建築、高度な技術などはその片鱗さえうかがえない。人類が言語を操り、薬物中毒にふけっていたか、あるいは人間特有の性的な習慣やライフサイクルをすでにもっていたのかどうかについてはまったくわかっていない。

大躍進が起きたという確かな証拠は、六万年前ごろのヨーロッパに突然出現した。同じころ、解剖学的には現代人と同じホモ・サピエンスがアフリカから到着する。さまざまな用途に合わせた特殊な道具に基づいた技術とともに芸術が出現した。人類の文化は、場所や時間を隔ててそれぞれの違いを明らかにするようになっていく。ただ、この躍進を促したものがなんであろうと、それにかかわった遺伝子はごく一部だったのはまちがいないはずだ。現在でも人間とチンパンジーの遺伝子の違いは全体の一・六パーセントにすぎず、しかもその違いの大部分は、行動面において大躍進が起こる以前に刻み込まれていた。私自身は、言語能力を得たことを引き金にして大躍進は起きたにちがいないと考えている。

こうして現れた最初の現生人類は、高貴な特徴を備えていたが、彼らは現在私たちが抱えている問題の根底に横たわる二つの特徴も背負っていた。そのひとつこそ、互いに大量の人間を殺しあうという私たちの性質である。そして、もうひとつは、環境と資源基盤を破壊しようとする性質である。もしも、ほかの太陽系で勃興した高度な文明においても、自己破壊の種子が根深く関連しているのであれば、空飛ぶ円盤がなぜ私たちのもとを訪れてこないのかという事実もすんなり納得がいくだろう。

最終氷河期が終わりを迎えた一万年前、私たちの文明は発展のスピードを速めた。人類は新世界を占拠していたが、それと同時に大型哺乳類の多くがこの大陸から姿を消していく。それからいくらもせずに農業が始まった。さらに数千年後には、文字による最初の記録が登場する。早々に現れた文字による記録は人間の進歩と発明の才の豊かさを伝えるが、しかしその記録は、人間が薬物にふけり、ジェノサイドがすでに生活の一部となっていたこともまた示していた。生息環境の破壊も始まり、社会の多くがむしばまれていた。ポリネシアとマダガスカルにたどり着いた最初の入植者によって、多くの生物が死に絶えていく。以来記されてきた歴史には、人類の興亡が詳細に描かれてきた。

一九四〇年代以降、人類は一夜にして自分たちを吹き飛ばすことができる武器をもつようになる。ただ、かりに血迷ったあげくの性急な終末からは免れたとしても、飢餓や環境汚染、破壊的な技術のほうはいまもますます高まりつづけている。その一方で、耕作可能な土地、海の食料資源、そのほかの天然の資源は減りつづけ、同じように廃棄物を吸収してくれる環境の力も落ち込んでいる。いよいよ乏しくなっていく資源をめぐって、ますます多くの人たちがこれまで以上に強引に競いあえば、なにかが犠牲にならなければならないだろう。

これから先、なにが起ころうとしているのだろうか。

最悪の事態にいたるのを恐れる理由は山ほどある。たとえ明日、人類がことごとく消え失せたにしても、私たちの環境はすでに相当なダメージを負い、これから何十年の年月をかけて崩壊を続けていく。すでに多くの種が「生きる屍《しかばね》」と見なされ、個々の生物はいまも生きてはいるものの、個体数はあまりにも少なく、種として集団を維持していくこともはやできない。

過去に犯した自己破壊的な行動から学べるものがあるにもかかわらず、多くの人たちはあまり深く考えないまま、人口には制限を加えるしかるべき理由は見当たらないとか、環境をしいたげることを中止する理由もないなどと考えている。なかには自分の利益のため、あるいは無知から環境破壊に加担している人たちもいる。さらに多くの人が生き残ることに必死で、将来に思いをめぐらせるほどの余裕はない。こうした事実が物語っているのは、環境破壊は制止できるようなものではなく、私たち人類もまた「生きる屍」のひとつであり、その将来はほかの二種のチンパンジーの将来同様、荒涼たるものだということを暗示している。

こんな絶望的な見方は、ドイツ人の探検家にして大学教授であり、オランダ領の植民地調査にも参加したアーサー・ヴィックマンが一九一二年に書いた一文にも記されている。ニューギニアにやってくる探検家によって同じ過ちが何度も何度も繰り返され、必要もない苦痛と死がもたらされるのを目の当たりにして、ヴィックマンは将来の探検家もまた同じ過ちを犯しつづけると考えていた。「なにも学ばれることなく、すべては忘れさられる」のだとヴィックマンは書き残した。

しかし、私たちが置かれた状況は決して希望がないわけではないと私は信じている。こんな問題を生み出したのが私たちだけであるなら、その問題を解決できる力も私たち自身にしっかりと備わっている。地理的に遠く離れ、また過去のことであろうと、種のほかの仲間の経験から学びえることができるという点において、人間は唯一の動物なのだ。人口増加の抑制、自然生息地の保護、そのほか環境保全のためのさまざまな試みなど、惨事を回避しようとする現実的な方法の多くに、希望のきざしがうかがえる。多くの政府でこうした政策のいくつかがすでに実行に移されている。

環境問題に対する意識も広まろうとしている。人口増加に歯止めをかけようとしている国々は少なくない。ジェノサイドは消えてなくならないが、しかしコミュニケーション技術の拡大によって、私たちのよそ者嫌いも軽減していき、遠く離れて住む人たちを自分よりも劣っている、あるいは異なる人間だと見なすことも難しくなっていくだろう。一九四五年、広島と長崎に原子爆弾が落とされた。当時、私は七歳だった。それから数十年というもの、核による殺戮はいつ起こってもおかしくないという思いを人びとは抱いていた。しかし、最後に落とされて以来、現在では核の脅威はもっとも遠いものに思われている。こうしたこともまた希望を抱く理由なのである。問題解決を図るために、これから発明される新しい技術を待っている必要はないだろう。私たちに必要なのは、すでにいくつかの国が取り組んでいることを、さらに推進していける政府をどんどん増やしていくだけなのだ。普通の市民も決して無力ではない。ここ数年、さまざまな種の絶滅に対する戦いに市民のグループが力を添えてきた。商業捕鯨、毛皮のコートにするための大型のネコ科動物の狩猟などは、一般の人たちの態度が変わったことで件数を大きく減らせた問題行動のほんの二例にしかすぎない。

直面している問題は深刻で、将来もおぼつかないことはわかっているが、用心をしながらも私は行く末を案じてはいない。アーサー・ヴィックマン以来、ニューギニアを訪れた探検家は、過去からしっかりと学び、前任者が犯した大失敗を免れてきていたのである。ヴィッ クマンの苦言でさえ誤りだったのである。

私たちの将来にふさわしいモットーは、ヨーロッパの政界で何十年と仕事をしてきたドイツの政治家オットー・フォン・ビスマルクが残した言葉だ。ビスマルクもまた、かずかずの過ちと多くの愚行を目の当たりにしてきたが、それでも歴史から学びえることはできると信じつづけた。自分の生涯を書きとめたビスマルクは、「私の子どもと孫へ。過去を理解し、将来の手引きとするために」とその回想録を捧げた。

この精神こそ、私が自分の息子やその世代に本書を捧げる理由にほかならない。本書がたどってきた過去から私たちが学ぼうとするのであれば、その将来はほかの二種のチンパンジーの将来よりは明るいものになるのではないだろうか。

解説

総合研究大学院大学副学長・教授
長谷川眞理子

本書の著者のジャレド・ダイアモンドは、この本のもとになる書物を一九九一年に出版しました。私と夫は、それを読んで大変おもしろいと思いましたので、その翻訳を一九九三年に日本で出版しました。それは、『人間はどこまでチンパンジーか?』（新曜社刊）という題名で出版されました。本書は、それ以後の研究成果を取り入れて、内容を少しアップデートするとともに、読者をとくに若い人たちに絞って書き換えたものです。今回も、とてもおもしろく、楽しく、考えさせられながら読みました。

人間はどんな動物か?

この本のテーマは、人間とはどんな動物か、ということです。人間は動物だけれども、ほかのいろいろな動物とは違って特別に偉いのだという考えは、かなり多くの人々が持っているようです。なぜなら、コンピュータやロケットなどを発明し、大きな都市に住み、言語を駆使して哲学的なことを考え、宗教を持ち、芸術を楽しむような生物はほかにいない（ように見える）からです。その一方で、人間が自分たちを特別な存在だと思うのは、人間の自己中心的な思考のせいであって、ミミズだろうがイチョウだろうが、どんな生物もそれぞれに特別なのだ、という考えもあります。

ミミズもイチョウもキリギリスも、確かにそれぞれ特別な存在です。生物はどれも、それぞれに素晴らしい特徴を持っているのです。だから、人間という動物も、種に固有の特別な性質を持っているのは当然なのですが、さて、その特別さは、たとえばミミズの特別さとは質が異なるような特別さなのでしょうか？　確かに、先に述べたように私たちは文明を築き、科学技術を発展させ、さまざまな高度な道具を駆使し、地球の生態環境を大いに改変しています。たった一種の生物が、地球生態系に対してこれほど大きな影響を及ぼすというのは、ほかに例がありません。

では、それは、人間が他の生物よりも「偉い」ということなのでしょうか？　そうとは限らないでしょう。私は、人間は特別な性質を備えた生物であり、その特別さは、他の生物の特別さとは少し異なるとは思いますが、それをもって人間が「偉い」と考えるのは、人間の自己中心的な思考のせいであろうと思います。ジャレド・ダイアモンドもそう考えており、人間のその特別さについて、科学的に検討してみようと考えました。その成果が本書です。

「人間とは何か？」という問いは、古くから哲学の中心テーマでした。ソクラテスもアリストテレスも、インドの仏陀も、中国の孔子も、近世ヨーロッパのヘーゲルもマルクスも、みんな、人間とは何かについて考えていました。しかし、人間という生物を動物の一員として自然科学的に探究し、その成果に基づいて考えようとするのは、伝統的な哲学ではありません。そのような科学は、自然人類学です。自然人類学は、ヒトという動物の進化の道筋をたどり、ヒトが動物として持っている特徴について、遺伝、形態、生態、行動などの側面から研究しています。では、この自然人類学が、人間とは何かを考えてきた哲学に対して何か大きな影響を与えたかというと、残念ながら、どうもそのように思えません。

また、ヒトの性質について研究する学問は、哲学と自然人類学だけではありません。心理学は、十九世紀後半以降、ヒトの心の働きについてさまざまなアプローチで研究してきました。社会学は、個人としてのヒトではなく、ヒトの集団がどのような性質を持つのか、どのように動くのかについて研究してきました。文化人類学は、自然人類学とは異なり、ヒトの生物学的特徴ではなくて、ヒトが持っているさまざまな文化の様相について研究を重ねています。

本書でも取り上げられているように、ヒトは言語を持つということが、ヒトの重要な特徴の一つです。この言語については、言語学という学問があり、世界各国の言語の特徴やその共通性について分析してきました。また、ヒトが言語をどのようにして習得するか、言語とヒトの心はどのように結びついているか、という問題については、おもに心理学の一分野として研究されてきました。

さらに、経済学は、ヒトが行う経済活動についての研究を行う学問分野ですが、そもそもなぜヒトは「得をしたい、損をしたくない」と思うのかということも含め、現在では、心理学とも密接に結びついています。そして、これらのヒトが行うこと、考えること、思うことはみな、ヒトの脳の働きであるので、これらのすべてが脳科学、脳神経科学、認知科学という学問分野と関連しています。

つまり、人間とは何か、という問題に取り組もうとすれば、これほどのさまざまな個別の学問分野に踏み込み、それらの成果を統合せねばならないということです。でも、今、なかなかそのように大きな取り組みをしようとする学者はいません。みんな、自分たちの小さな専門分野の中にとらわれているからです。その昔、哲学は、確かにそのような学問的広がりを持った探究でした。だからこそ、長年にわたって、人間とは何かという探究は、哲学の主たるテーマだったのです。現代では、人間のいろいろな側面に関する研究が、それぞれに大変に深く専門化されてしまっているので、本当の人間の哲学をやろうと思えば、これほど多岐にわたる学問分野に踏み込まねば、できなくなってしまっていると言えるでしょう。

でも、だからと言って、人間とは何かを探究することが、ソクラテスの時代よりも格段に難しくなってしまった、ということはないと思います（一見するとそう思えるけれども）。古代ギリシャのソクラテスでも、現代の私たちでも、からだと脳の基本的構造に変わりはありません。つまり、今の私たちも、紀元前四世紀のソクラテスも、ハードの面では同じ脳を使って考えているのです。

それに対して現代では、この二〇〇〇年の学問の発展の成果として参照するべき情報が、ソクラテスの時代に比べて格段に増えました。でも、いろいろな研究が進んだ結果、もう解決してしまったこともありますし、その方向で考える必要はないことがわかったということもあります。そして今ではコンピュータやインターネットがありますから、ソクラテスの時代よりも格段に多くの情報を格段に速く処理することができるはずでしょう。何も、それぞれの学問領域の細部にわたって知る必要はないのです。ソクラテスと同じ構造の頭を使って、ことの真髄だけを掘り出してつなげていけばよいはずです。確かにそれは難しいことではありますが。

「人間とは何かを探る」ことを教える

ところが残念なことに、今の日本の中学、高校の教育では、人間とはどんな動物なのかを考える素材を提供する授業がほとんどありません。伝統的な国語、算数、理科、社会はあるものの、自然人類学や心理学、社会学、経済学などに関連した科目はほとんどありません。また、ヒトは生物ですが、生物の授業の中で、ヒトの進化についてはあまり深く語られていないのが現状です。一方、哲学に関連する授業はあるのですが、それと、ヒトの生物学との関連は、まったく見えてきません。

どういうわけか、今の中学、高校の生物では、メダカやクラミドモナスについては考えてみるけれど、私たち人間自身についてはあまり生物学的に考えない、ということになっているようです。私は、これは由々しきことだと考えています。

心理学や経済学は、全国の多くの大学に学部や学科があるという意味では、大学教育の大きな一部を占めています。今や多くの高校生が大学に進学するというのに、これらの学問のさわりの部分を高校で学ぶ機会はないのです。でも、現状の教育はどうでもよろしい。今教えられているどの科目ということではなく、いろいろな科目を統合する別の視点で、「人間とは何かを科学的に探る」というテーマ学習でしょうか？　本書は、そういう意味では、若い人たちに人間とは何かを考えるきっかけを与える教材として、とてもよいものであると思います。

人間は、生物界の中では本当にユニークな存在であり、地球生態系に大規模な影響を与える重要な存在です。なぜ人間はそんなことができたのか、それを可能にした人間の性質はどのようにして進化してきたのか、本書は、それについて一つ一つ検討していきます。しかし、一番重要なのは過去の話ではなく、その過去の経緯を知り、現状を知ることによって、それらの事実が人間という生物の将来をどう導いていくか、人間は将来どうなるか、ということの考察でしょう。それは、本書でも試みられていますが、次世代を担うみなさん一人一人が考えていくべきことなのです。

これからどうしようかと思えば、今がどうなっているのか、過去はどうなっていたのかを知らねばなりません。その探求は多くの努力を要求するものですが、あくまでも大事なのは、それらの知識を駆使して未来を創ることです。本書が、若い人たちのためにとくに造られた理由はそこにあるのです。

ヒトにもっとも近縁な生物、チンパンジー

私は、大学院の博士課程のときに、東アフリカのタンザニアで野生のチンパンジーの行動と生態の研究をしました。それは私の博士論文のための研究だったのですが、そのための資金は外務省の外郭団体である国際協力事業団（現在は国際協力機構）から出ており、私の仕事は、タンザニア西部のタンガニーカ湖畔に、野生チンパンジーのための国立公園を設立することでした。日本が大きな無償協力をして、数年がかりで、歩いてめぐる国立公園を造るための基礎データを提供することが仕事だったのです。

私は、先にお話しした自然人類学を専門とする、東京大学理学部生物学科の人類学教室に進学しました。私と一緒にタンザニアで調査し、同じく博士論文のための調査をした夫の長谷川寿一は、東京大学文学部心理学科の大学院生でした。自然人類学と心理学、分野は異なりますが、人間とは何かについて探究するという点では、同じ土俵の学問です。同じ目標を持ちながら、学問の方法も問題設定も異なる私たちは、互いに相手にないものを補完しながら、野生チンパンジーの調査という困難な仕事を行っていきました。

アフリカのタンザニアという国での調査は、決して楽なものではありませんでした。電気もガスも水道もなし。途中から小さな発電機で電球二個ぐらいはつけることができましたが、その発電機も石油がなければ動きません。ガスはないので、薪を燃やすか、登山者用のガスコンロを使

うか。でも、ガスコンロも燃料がなくなればおしまいです。その意味では薪が頼り。水道はないので、毎日、バケツに二杯の水で料理と洗面をこなします。お風呂と洗濯は、広大なタンガニーカ湖ですます、という毎日でした。

チンパンジーは、私たちのキャンプにやってくることもありましたが、彼ら自身のなわばりの中を、毎日、季節の食べ物を求めて移動しています。彼らの一人一人の顔を覚えて個体識別し、彼らを追いかけ、その行動や社会関係を記述し、毎晩、その記録をまとめました。彼らが何日も見つからないこともあり、いったい今は何をしているのだろうと案じたこともありました。彼らがすぐそばでくつろいでいて、滅多に見られない行動を垣間見せてくれたこともありました。そうこうしているうちに、彼らの生活がだんだんに見えてきます。夫の長谷川寿一はおもに雄を追いかけ、私はおもに雌を追いかけ、それぞれの研究テーマを探究していきました。

チンパンジーは、私たちヒトともっとも近縁な動物で、私たちの共通祖先からこの二つが分かれたのはおよそ七〇〇万年前と言われています。この地球上に何千万種の生物がいようとも、私たちにもっとも近縁なのは彼らなのです。だからこそ、私たち人類学者や心理学者たちにとってチンパンジーを研究する価値があるのです。こんな「特権的な」動物であるチンパンジーを研究できるというのは、研究者にとっては素晴らしい「特権的な」機会でした。

しかし、野生のチンパンジーの行動と生態を調査していた二年半にわたって、私たちには、チンパンジーに対する親近感よりも違和感の方がどんどん増えていきました。それ以前に野生のチンパンジーの研究をしていた有名な研究者は何人もいます。彼らはみな、チンパンジーがいかに私たちヒトに近いかを強調していました。チンパンジーの母親がどんなに手厚く赤ん坊の世話をするか、おとなの雄たちがどれほど協力しあって獲物をしとめるか、などなど。でも、それはそうであるとしても、私たちには、「チンパンジーはまったくヒトとは異なる」という感じの方がずっと強烈でした。

その違和感が何だったのか、それを深く探究することは、結局はチンパンジーの研究をすることではなくて、ヒトとはどんな動物なのかを研究することだったのです。当時の私たちは、どのようにしてチンパンジー的な生き物からヒトが進化したのかをつなぐため、ヒトとチンパンジーとの進化的道筋をつなぐために、先達の研究と同じく、ヒトとチンパンジーの共通性を強調することに一生懸命になっていました。心の底ではこれは違うという違和感を抱きながらも、そのように研究の枠組みを置くようになっていたのです。

そうすることをやめて、この違和感を意識して取り出し、ヒトとチンパンジーは連続しているが似たような種ではない、ヒトはチンパンジーとはまったく異なる性質をどうにかして進化させたからヒトになった、そのことを探究しよう、と考えるようになるには、私たちにとってもも長い時間がかかりました。そうして現代に至る中で、ジャレド・ダイアモンドという人物の著作に出合ったのは、とても幸運であったと思います。

ジャレドの人間探究

ジャレド・ダイアモンドは、スケールが大きくてとても変わった研究者です。彼はもともと、基礎医学の中の生理学を専門とする研究者となり、その道で有名になりましたが、同時に鳥の観察の愛好家であり、そこから別の分野の研究に入り込んで、ニューギニアを中心とする生物地理学、そして鳥類の進化生物学の研究者ともなりました。私は、後者の顔を持つジャレドを知っており、二度ほどお会いしたことがありますが、前者の生理学者としての彼については、何も知りません。おそらく、生理学者としての彼をよく知る人々は、反対に、進化生物学者としての彼のことをほとんど知らないでしょう。

このように二つの異なる分野で活躍するようになるというのも、研究者の生活としてはまれなことですが、彼はさらに、本書に表されているように、人間の進化、その歴史、文明の来し方行く末についても、科学的な考察を行っています。そのようなことを考えるきっかけとなったのは、彼の他の著作によれば、ニューギニアで鳥類の研究をしているときに現地の人に聞かれたことに端を発するということです。

ニューギニアは、熱帯雨林におおわれた大きな島で、豊かで多様な自然と、多くの言語に分かれた、こちらも豊かで多様な民族文化を持っているものの、現代文明という点では遅れを取っています。現代文明の象徴のようなアメリカからやってきた研究者のジャレドを、森に案内してくれる現地の長老が、ある日彼に問いました。「なぜアメリカは発展して、ニューギニアは遅れているのか？」と。これに対し、ジャレドは真剣に考え始めます。発展している方がいいことだとか、発展していないのは遅れているとか、劣っているとか、悪いとかいうことではなく、「なぜ文明の進む速度には、世界の各地で差異があるのか？」という科学的な問いに答えようとしたのです。

本書のもとになった『人間はどこまでチンパンジーか？』という書物は、そのような探究をまとめた最初の一冊でした。その後、ジャレドは、『銃・病原菌・鉄』、『文明崩壊』、『昨日までの世界』といった著作で、一貫してこの問題を考え続けています。もともと進化生物学、生物地理学の素養があったので、対象を人間に拡張して、人類進化学、古環境学、育種学、言語学などを合わせ、人間とは何かについて考察しました。

そう、何度も述べたように、本書は、私たち人間とはどんな生き物なのかについて科学的に考察したものです。しかし、それは単に人間の生物学的な組成や進化の道筋を科学的に解説したということではありません。人間という生き物が、この地上で現在行っていることは何なのか、この先、人間はどうなっていくのかという、私たち一人一人の生き方に思いをはせる、いわば哲学的な考察に導くものです。自然科学の探究そのものは、価値観や哲学とは異なる舞台で、客観的な検証に耐えるものとして進んでいきます。しかし、その結果は、私たち自身がどのように生きていくべきかについて、大いに示唆を与える材料となるでしょう。その意味で、そういう含意を意識して書いたという点で、この著作は非常に大きな視野を持っていると私は思います。

よりよい社会を築くために

本書が書かれた以後も、人類の進化史や脳の働きについては、どんどん新しい事実が発見されています。その意味では、本書でジャレドがまとめている人類進化史も、その他のヒトの性質に関する事実にも、今後さまざまな改訂がなされていくことでしょう。それが、科学の進歩というものです。

さて、そのような日進月歩の科学の進展はさておき、これまでに明らかになった大筋の部分から、つまり、もうこれ以上は改訂されない「実態」として認められる事実の集合から、人間について、何か哲学的な考察ができるでしょうか？　先にも述べたように、著者がもっとも重点を置いているのはそこでしょう。

この問題についても、本書で取り上げられているたくさんの話題についてそれぞれ検討していくことはできますが、私は、人間が他の人間に対して示す共感と暴力について取り上げたいと思います。本書でも示されているとおり、ヒトは歴史的に、自分が所属するのとは異なる集団に出あったときに非常に極端な暴力をふるい、相手を殲滅することすらもしばしば行ってきました。アフリカ、南北アメリカやオーストラリア、タスマニアの先住民に対して西欧人がとった態度がその典型です。さらに、自分と同じ集団に属する他者に対しても、その人たちが異なる考えを持っている、異なる神を信じている、異なる生活習慣を持っている、などということを根拠に彼らを攻撃し、殲滅しようとすることは、各地で数えきれないほど起こってきました。

しかも、それは遠い過去の出来事だけではなく、現代社会でも起きています。二十世紀における共産主義と資本主義のイデオロギー対立はもとより、二〇一〇年代にはいった現代でも、なぜキリスト教徒とイスラム教徒が反目しあわねばならないのでしょうか？　この問題は、「宗教的信念」の問題なのでしょうか。それとも、一部過激派が置かれている社会経済的な問題なのでしょうか。この問題について、生物学的な人間の理解は関係がないのでしょうか？　キリスト教かイスラム教か、なぜあの特定の過激派か、というのは文化や社会経済の問題かもしれませんが、それらが何にせよ、人々の集団を二つに分けて対立を作り、他者を攻撃するという傾向自体には、何か、ヒトという生物が持っている生物学的性向が関係しているのかもしれません。

そんな傾向があるということを認めると、困ったことになると思いますか？　人間がそんな傾向を生物学的に持っているのであれば、それは直せない、だから、将来に希望がなくなる、それは困る、というように。でも、それは違います。こんな風に考えるのは、その道筋が間違っています。

人間にとって「不都合な真実」はたくさんあります。癌という病気は、生物の細胞の再生と不可欠に関係しているようなので、ヒトという生物が長生きする限り、この魔物を排除することはできないようです。だとしたら、癌の正体を研究するのを躊躇しますか？　また、ヒトの暮らしの快適さは、そのヒトの集団が消費するエネルギーと比例するごとくに強く関連しているようです。と言うことは、地球上の誰もが快適な生活を求める限り、地球温暖化と環境破壊とは必然であるように思われます。では、人類集団のエネルギー消費に関して詳細は知りたくないと思いますか？

それでも、これらの「不都合な真実」を回避して、人類の幸福を追求したいのであれば、これらを客観的に研究し、因果関係を明らかにするしか道はないでしょう。同様に、人々が互いに争い、殺し合うことを止めさせようとするならば、その原因と、それにかかわる人間心理の研究をしなければならないでしょう。たとえ、私たちヒトという動物の心に、見知らぬ他者をヒトとは見なさず、動物以下の存在として暴力的に扱うことができるようにさせる心理基盤があったとしたら、それを科学的に明らかにした上で、それをそうではないようにさせる手だてを科学的に考案できるはずです。電気もガスも水道もコンピュータも、私たちは直面する困難を克服する手段として発明してきたのですから。

一方で私たちは、ずっと遠くに住んでいる会ったこともない人々の窮状を知ると、その人たちの悲しみを自分のことのように感じ、共感する力も持っています。この共感の感情の基盤を研究すれば、社会の暴力を減らす手だてを作る助けになるかもしれません。

これからよりよい社会を築いていくために知恵を絞り、英知を集めなければならないのは、若い世代のあなたたちです。私たちも、これまでそれなりに一生懸命考えてきました。でも、これからの社会をよりよいものにしていくためには、若いエネルギーが必要です。そのために、若いみなさん一人一人が、人間をめぐるたくさんのことに疑問を持ち、探究したいと思い、一つ一つ、そのような疑問を解決するよう知恵を絞っていって欲しいと思います。

この本は、人間という動物はどんな動物で、どんな点で他の動物とは違っているのだろうという疑問をテーマにしていますが、最終的には、私たちがこれからどんな社会を作っていけるかを探究するための材料を提供しているのだと思います。みなさんで、この先を考えてくださることを願ってやみません。

◉写真・図版出典

p16-17：Benjamin Waterhouse Hawkins/*Wikicommons*／p27：Hermanta Ravel / *Alamy*／p51：Public domain/*Wikicommons*／p55：Glasshouse Images/*Alamy*／p64-65：Photographer unknown/Utah Quarterly Journal 73(3):212, taken from Widtsoe Collection, Utah State Historical Society/*Wikicommons*／p77：Images & Stories/*Alamy*／p87：Photo Bobil/*Wikicommons*／p100：Susanna Bennet /*Alamy*／p109：Hulton Archive/*Getty*／p117：Photographer unknown, Der Weltkreig 1914-1918 in senior rauhen Wirklichkeit, likely from German War Film & Photo Office/*Wikicommons*／p126-127：Photographer unknown/*Bishop Museum*／p135：Jake Lyell/*Alamy*／p155：John Pratt/*Getty*／p159：Cultura RM/*Alamy*／p169：Redmond Durrell/*Alamy*／p173：The Granger Collection, NYC/*Granger*／p187：Yatin sk/*Wikicommons*／p191：Danita Delimont/*Alamy*／p201：New York Daily News Archive/*Getty*／p205：William Leaman/*Alamy*／p210-211：San Diego Air and Space Museum Library and Archives／p219：maggiegowan.co.uk/*Alamy*／p221：Peter Horree/*Alamy*／p237：Hulton Archive/*Getty*／p243：nsf/*Alamy*／p253："Who Really Killed Tasmania's Aborigines? / Cobern, Patricia" from The Bulletin/*National Library of Australia*／p263：Mike Goldwater/*Alamy*／p269：Photograph unknown/ Online Archive of California/*Wikicommons*／p272-273, p287：Robert Harding Picture Library Ltd./*Alamy*／p295：Berthold Werner/*Wikicommons*／p305：Photograph unknown/ Natural History Museum of Utah/*Wikicommons*／p309：Peter Menzel Photography/*Peter Menzel*／p313：Michael Nichols/National Geographic/*Getty*／p327：Christian Ziegler/*Wikicommons*

著者紹介――――
ジャレド・ダイアモンド Jared Diamond

進化生物学者、生理学者、生物地理学者。カリフォルニア大学ロサンゼルス校社会科学部地理学科教授。一般向けの初めての著書が本書のもとになった『人間はどこまでチンパンジーか？』（新曜社）。『銃・病原菌・鉄』でピュリッツァー賞、コスモス国際賞等を受賞、「ゼロ年代の50冊」（朝日新聞社）の第1位に選出。他の著書に『文明崩壊』『人間の性はなぜ奇妙に進化したのか』（以上、草思社）、『昨日までの世界』（日本経済新聞出版社）。

編著者紹介――――
レベッカ・ステフォフ Rebecca Stefoff

歴史・科学読物作家。本書のほかにもハワード・ジン『民衆のアメリカ史』をもとにした『学校では教えてくれない本当のアメリカの歴史』（あすなろ書房）など、名著についての若い読者向けの編著で定評がある。自著に『ダーウィン』（大月書店）など。

訳者紹介――――
秋山　勝 あきやま・まさる

立教大学卒業。出版社勤務を経て翻訳の仕事に。訳書に『死を悼む動物たち』『他人を支配したがる人たち』『伊四〇〇型潜水艦 最後の航跡』（以上、草思社）、『テクノロジーが雇用の75％を奪う』（朝日新聞出版）ほか。

若い読者のための 第三のチンパンジー
人間という動物の進化と未来

2015年12月18日　第1刷発行

著　者　ジャレド・ダイアモンド
編著者　レベッカ・ステフォフ
訳　者　秋山　勝
装幀者　間村俊一
発行者　藤田　博
発行所　株式会社 草思社
〒160-0022　東京都新宿区新宿5-3-15
電話　営業 03(4580)7676　編集 03(4580)7680
振替　00170-9-23552

本文組版　株式会社 キャップス
本文印刷　株式会社 三陽社
付物印刷　中央精版印刷株式会社
製本所　大口製本印刷株式会社

ISBN978-4-7942-2175-9 Printed in Japan　検印省略